"十四五"国家重点出版物出版规划项目

国家出版基金项目
NATIONAL PUBLICATION FOUNDATION

生态环境损害鉴定评估系列丛书　总主编　高振会

大气污染环境损害鉴定评估

主　编　张元勋

副主编　胡晓霞

参　编　张元勋　胡晓霞　韩杏容　梅笑冬

　　　　张　鑫　王丽静　张　阳　霍　鹏

　　　　尚　晶

主　审　舒俭民

U0238780

山东大学出版社
SHANDONG UNIVERSITY PRESS

·济南·

内容简介

本书介绍了大气污染物的来源及性质，大气污染物监测、主要治理技术，并以此为基础，详细阐述了大气环境损害鉴定评估工作中的损害调查与损害确定、因果关系分析、损害量化的定义和方法，最后通过具体案例来介绍大气环境损害鉴定评估在我国大气污染责任纠纷类案件中的应用情况。

本书可为从事生态环境损害鉴定评估工作尤其是大气环境损害鉴定评估工作的技术人员提供理论基础和方法参考。

图书在版编目（CIP）数据

大气污染环境损害鉴定评估 / 张元勋主编. -- 济南：山东大学出版社，2024.10. --（生态环境损害鉴定评估系列丛书 / 高振会总主编）. -- ISBN 978-7-5607-8159-4

Ⅰ.X51

中国国家版本馆 CIP 数据核字第 2024BF0539 号

策划编辑	祝清亮
责任编辑	任雅航
封面设计	王秋忆

大气污染环境损害鉴定评估

DAQI WURAN HUANJING SUNHAI JIANDING PINGGU

出版发行	山东大学出版社
社　址	山东省济南市山大南路 20 号
邮政编码	250100
发行热线	(0531)88363008
经　销	新华书店
印　刷	山东华鑫天成印刷有限公司
规　格	787 毫米×1092 毫米　1/16 12.75 印张　187 千字
版　次	2024 年 10 月第 1 版
印　次	2024 年 10 月第 1 次印刷
定　价	48.00 元

总　序

　　生态环境损害责任追究和赔偿制度是生态文明制度体系的重要组成部分,有关部门正在逐步建立和完善包括生态环境损害调查、鉴定评估、修复方案编制、修复效果评估等内容的生态环境损害鉴定评估政策体系、技术体系和标准体系。目前,国家已经出台了关于生态环境损害司法鉴定机构和司法鉴定人员的管理制度,颁布了一系列生态环境损害鉴定评估技术指南,为生态环境损害追责和赔偿制度的实施提供了快速定性和精准定量的技术指导,这也有利于促进我国生态环境损害司法鉴定评估工作的快速和高质量发展。

　　生态环境损害涉及污染环境、破坏生态造成大气、地表水、地下水、土壤、森林、海洋等环境要素和植物、动物、微生物等生物要素的不利改变,以及上述要素构成的生态系统功能退化。因此,生态环境损害司法鉴定评估涉及的知识结构和技术体系异常复杂,包括分析化学、地球化学、生物学、生态学、大气科学、环境毒理学、水文地质学、法律法规、健康风险以及社会经济等,呈现出典型的多学科交叉、融合特征。然而,我国生态环境司法鉴定评估体系建设总体处于起步阶段,在学科建设、知识体系构建、技术方法开发等方面尚不完善,人才队伍、研究条件相对薄弱,需要从基础理论研究、鉴定评估技术研发、高水平人才培养等方面持续发力,以满足生态环境损害司法鉴定科学、公正、高效的需求。

　　为适应国家生态环境损害司法鉴定评估工作对专业技术人员数量和质

量的迫切需求,司法部生态环境损害司法鉴定理论研究与实践基地、山东大学生态环境损害鉴定研究院、中国环境科学学会环境损害鉴定评估专业委员会组织编写了生态环境损害鉴定评估系列丛书。本丛书共十二册,涵盖了污染物性质鉴定、地表水与沉积物环境损害鉴定、空气污染环境损害鉴定、土壤与地下水环境损害鉴定、海洋环境损害鉴定、生态系统环境损害鉴定、其他环境损害鉴定及相关法律法规等,内容丰富,知识系统全面,理论与实践相结合,可供环境法医学、环境科学与工程、生态学、法学等相关专业研究人员及学生使用,也可作为环境损害司法鉴定人、环境损害司法鉴定管理者、环境资源政府主管部门相关人员、公检法工作人员、律师、保险从业人员等人员继续教育的培训教材。

鉴于编者水平有限,书中难免有不当之处,敬请批评指正。

2023 年 12 月

前　言

　　大气环境污染问题是社会公众感受最直接、反映最强烈的环境污染问题，打赢蓝天保卫战对于深入打好污染防治攻坚战具有重要意义。大气环境损害鉴定评估在大气污染案件中能起到技术支撑作用，为案件的审理和判决提供科学依据，有利于激励企业积极对生态环境进行保护，引导其自觉遵守环境保护相关的法律法规，推动企业大力发展绿色生产。为了系统地梳理大气污染环境损害鉴定评估工作涉及的理论及方法，中国科学院大学张元勋教授主编了本书。

　　全书共分7章：第1章为生态环境损害鉴定评估概述，主要介绍了生态环境损害鉴定评估的定义、工作内容及范围、工作程序等，并以此为基础延伸出大气污染环境损害鉴定评估工作的主要内容和意义；第2章为大气污染，主要介绍了大气污染物的来源及性质、时空变化特征以及我国大气污染的基本情况；第3章为大气污染物监测、来源分析及治理技术，主要介绍了大气污染物监测、来源分析及治理技术，以及以上各点在大气环境损害鉴定评估工作中的应用；第4章为大气环境损害调查与损害确定，介绍了大气污染环境损害调查的内容和方法，以及大气环境基线的确定方法；第5章为大气环境损害因果关系分析，介绍了大气污染物的同源性分析、迁移路径的合理性分析、导致环境损害发生的可能性分析的技术方法；第6章为大气环境损害量化，介绍了大气环境损害实物量化、价值量化，以及大气污染造成生态环境、人身损害或财

·1·

产损害的量化方法;第 7 章为大气环境损害鉴定评估的司法应用案例,通过具体案例介绍了大气环境损害鉴定评估在我国大气污染责任纠纷类案件中的应用情况。

本书可为从事生态环境损害鉴定评估工作尤其是大气环境损害鉴定评估工作的技术人员提供理论基础和方法参考。

在编写过程中,本书得到了很多专家的指导,其中中国环境科学研究院原院长舒俭民教授、山东大学生态环境损害鉴定研究院院长高振会教授多次审阅书稿并提出了宝贵的修改意见,在此表示衷心的感谢。

由于环境损害鉴定评估是一门新兴并处于发展中的学科,许多论点尚不够成熟,有些问题尚未有定论,文献资料日新月异,因此,在内容的选取、论点的陈述方面,限于作者的水平难免有不足之处,欢迎读者批评指正。

编　者

2023 年 11 月

目 录

第1章 生态环境损害鉴定评估概述

1.1 生态环境损害鉴定评估的定义

1.1.1 生态环境损害鉴定评估

为切实推动环境污染损害鉴定评估工作顺利开展,2011年5月25日,中华人民共和国环境保护部(现生态环境部)印发了《关于开展环境污染损害鉴定评估工作的若干意见》(环发〔2011〕60号)(以下简称《意见》)。《意见》中明确了环境污染损害鉴定评估是综合运用经济、法律、技术等手段,对环境污染导致的损害范围、程度等进行合理鉴定、测算,出具鉴定意见和评估报告,为环境管理、环境司法等提供服务的活动。以此为基础,我国环境损害赔偿制度逐步完善,环境损害鉴定评估工作取得积极进展。在近年来发布的指南和标准中,逐渐以生态环境损害鉴定评估的概念替代了环境污染损害鉴定评估的概念。

生态环境损害鉴定评估是指鉴定评估机构按照规定的程序和方法,综合运用科学技术和专业知识,评估污染环境或破坏生态行为所致环境损害的范围和程度,判定污染环境或破坏生态行为与环境损害间的因果关系,确定生态环境恢复至基线状态并在补偿期间损害的恢复措施,量化环境损害数额的过程。

1.1.2 环境损害司法鉴定

当生态环境损害鉴定评估应用于环境诉讼相关的司法工作中时,特指环境损害司法鉴定。司法部 2021 年发布的《环境损害司法鉴定白皮书》中关于环境损害司法鉴定的定义是:在诉讼活动中鉴定人运用环境科学的技术或者专门知识,采用监测、检测、现场勘察、实验模拟或者综合分析等技术方法,对环境污染或者生态破坏诉讼涉及的专门性问题进行鉴别和判断并提供鉴定意见的活动。环境损害司法鉴定解决的专门性问题包括:确定污染物的性质,确定生态环境遭受损害的性质、范围和程度,评定因果关系,评定污染治理与运行成本以及防止损害扩大、修复生态环境的措施或方案等。

环境损害司法鉴定任务必须由具备相应鉴定评估资质或能力的机构及工作人员承担,鉴定评估机构应以相关规定所列程序和方法为基本依据,综合应用相关专业知识和技术手段,对污染环境和破坏生态的行为以及生态环境损害的基本情况进行翔实的调研,对生态环境受到损害的程度和范围进行有效评估,对相应行为与环境损害事实之间的因果关系进行科学的分析,并针对生态环境基线的恢复及期间损害的补偿科学地制定相应方案和措施,同时对生态环境损害的数额进行合理的量化。

环境损害司法鉴定的工作主要针对以下领域展开:

(1)污染物性质的鉴定,主要工作是鉴别危险废物或有毒物质,以及对污染物的主要物理化学性质进行分析和鉴定。

(2)地表水和沉积物环境损害鉴定,主要是以河流、湖泊、水库等地表水资源及沉积物为鉴定对象,对其因环境污染或生态破坏而受到的损害进行鉴定评估。

(3)空气污染环境损害鉴定,是以环境大气或室内空气为评估对象,对因排放或泄漏大气污染物造成的损害进行鉴定评估。

（4）土壤与地下水环境损害鉴定，以土壤和地下水环境为评估对象，鉴定其因环境污染或生态破坏而受到的损害。

（5）近海海洋与海岸带环境损害鉴定，主要是以海岸、潮间带、水下岸坡等近海海洋资源及生态环境为对象，对由污染近海海域或破坏近海海域生态造成的环境损害进行鉴定评估。

（6）生态系统环境损害鉴定，主要以各种生态系统（草地、森林、湿地等）及其所包含的动物、植物等生物资源为对象，对由生态破坏行为导致的生物资源或生态系统功能损害进行鉴定评估。

（7）其他类型的环境损害鉴定，主要是对由光、热、噪声、振动、各种辐射等污染造成的环境损害进行鉴定评估。

1.2 环境损害司法鉴定相关制度、标准和管理

1.2.1 生态环境损害相关制度

1.2.1.1 生态环境损害赔偿制度的发展

生态环境损害赔偿制度是生态文明制度体系的重要组成部分。党中央、国务院高度重视生态环境损害赔偿工作，党的十八届三中全会明确提出对造成生态环境损害的责任者严格实行赔偿制度。

2015年12月3日，中共中央办公厅、国务院办公厅印发《生态环境损害赔偿制度改革试点方案》，在吉林等7个省市部署开展改革试点，通过试点逐步明确生态环境损害赔偿范围、责任主体、索赔主体和损害赔偿解决途径等，形成相应的鉴定评估管理与技术体系、资金保障及运行机制，探索建立生态环境损害的修复和赔偿制度，加快推进生态文明建设。

本试点方案所称生态环境损害,是指因污染环境、破坏生态造成大气、地表水、地下水、土壤等环境要素和植物、动物、微生物等生物要素的不利改变,以及上述要素构成的生态系统功能的退化。

为进一步在全国范围内加快构建生态环境损害赔偿制度,在总结各地区改革试点实践经验的基础上,2017年12月17日,中共中央办公厅、国务院办公厅印发了《生态环境损害赔偿制度改革方案》,其中规定:自2018年1月1日起,在全国试行生态环境损害赔偿制度;到2020年,力争在全国范围内初步构建责任明确、途径畅通、技术规范、保障有力、赔偿到位、修复有效的生态环境损害赔偿制度。

本改革方案对生态环境损害的定义做了进一步完善,规定:"本方案所称生态环境损害,是指因污染环境、破坏生态造成大气、地表水、地下水、土壤、森林等环境要素和植物、动物、微生物等生物要素的不利改变,以及上述要素构成的生态系统功能退化。"

为规范生态环境损害赔偿工作,推进生态文明建设,建设美丽中国,根据《生态环境损害赔偿制度改革方案》《中华人民共和国民法典》和《中华人民共和国环境保护法》等法律法规的要求,制定了《生态环境损害赔偿管理规定》(以下简称《规定》),于2022年4月26日由生态环境部、最高人民法院、最高人民检察院等联合印发。《规定》指出:"以构建责任明确、途径畅通、技术规范、保障有力、赔偿到位、修复有效的生态环境损害赔偿制度为目标,持续改善环境质量,维护国家生态安全,不断满足人民群众日益增长的美好生活需要,建设人与自然和谐共生的美丽中国。"对违反国家规定造成生态环境损害的,按照《生态环境损害赔偿制度改革方案》和《生态环境损害赔偿管理规定》的要求,依法追究生态环境损害赔偿责任。

《规定》指出:"生态环境损害赔偿范围包括:

(一)生态环境受到损害至修复完成期间服务功能丧失导致的损失;

(二)生态环境功能永久性损害造成的损失;

（三）生态环境损害调查、鉴定评估等费用；

（四）清除污染、修复生态环境费用；

（五）防止损害的发生和扩大所支出的合理费用。"

"以下情形不适用本规定：

（一）涉及人身伤害、个人和集体财产损失要求赔偿的，适用《中华人民共和国民法典》等法律有关侵权责任的规定；

（二）涉及海洋生态环境损害赔偿的，适用海洋环境保护法等法律及相关规定。"

同时，《规定》对生态环境损害赔偿管理工作进行了明确分工："生态环境部牵头指导实施生态环境损害赔偿制度，会同自然资源部、住房和城乡建设部、水利部、农业农村部、国家林草局等相关部门负责指导生态环境损害的调查、鉴定评估、修复方案编制、修复效果评估等业务工作。科技部负责指导有关生态环境损害鉴定评估技术研究工作。公安部负责指导公安机关依法办理涉及生态环境损害赔偿的刑事案件。司法部负责指导有关环境损害司法鉴定管理工作。财政部负责指导有关生态环境损害赔偿资金管理工作。国家卫生健康委会同生态环境部开展环境健康问题调查研究、环境与健康综合监测与风险评估。市场监管总局负责指导生态环境损害鉴定评估相关的计量和标准化工作。最高人民法院、最高人民检察院分别负责指导生态环境损害赔偿案件的审判和检察工作。"

1.2.1.2　生态环境损害赔偿相关法律法规

除以上制度外，在目前适用的法律中，涉及具体生态环境损害赔偿条款的法律法规有以下几部。

（1）2020 年 5 月 28 日，第十三届全国人民代表大会第三次会议通过《中华人民共和国民法典》（以下简称《民法典》）。《民法典》共 1260 条，其中有 7 条直接与生态环境保护相关，规定了侵权人违反国家规定造成生态环境损害应承担的修复责任和赔偿责任,明确了国家规定的机关或者法律规定的组织的索赔权。《民法典》第一千二百二十九条规定:"因污染环境、破坏生态造成他人损害的,侵权人应当承担侵权责任。"第一千二百三十条规定:"因污染环境、破坏生态发生纠纷,行为人应当就法律规定的不承担责任或者减轻责任的情形及其行为与损害之间不存在因果关系承担举证责任。"第一千二百三十二条规定:"侵权人违反法律规定故意污染环境、破坏生态造成严重后果的,被侵权人有权请求相应的惩罚性赔偿。"第一千二百三十五条则对国家规定的机关或者法律规定的组织有权向违反国家规定造成生态环境损害的侵权人请求赔偿的损失和费用类别进行了规定。

《民法典》在原"污染环境责任"的基础上,补充了"破坏生态责任",将相关条款修改为"污染环境和破坏生态责任";并且明确了追究生态环境损害赔偿责任的方式和内容,规定对于造成生态环境损害的,国家规定的机关或者法律规定的组织有权请求侵权人承担修复责任,并明确了赔偿损失和费用的内容。在过去的实体法中,一直缺乏生态环境损害赔偿的相关依据。现在,《民法典》中的相关规定,让环境污染责任和生态破坏责任的追究能够有机配合,进行环境共治,为健全完善生态环境损害赔偿制度提供了法治保障。《民法典》的颁布实施标志着生态环境损害赔偿制度的正式确立,是生态环境损害赔偿制度改革的重要成果,生态环境损害赔偿将逐步走上快速、正规发展轨道。

(2)1989 年 12 月 26 日,第七届全国人民代表大会常务委员会第十一次会议通过《中华人民共和国环境保护法》,之后由第十二届全国人民代表大会常务委员会第八次会议于 2014 年 4 月 24 日修订通过,修订后的《中华人民共和国环境保护法》自 2015 年 1 月 1 日起施行。其第六十四条规定:"因污染环境和破坏生态造成损害的,应当依照《中华人民共和国侵权责任法》的有关规定承担侵权责任。"但《民法典》出台后,《中华人民共和国侵权责任法》废止,因此应按照《民法典》相关条款规定执行。

(3)1984 年 5 月 11 日第六届全国人民代表大会常务委员会第五次会议通过,2017 年 6 月 27 日第十二届全国人民代表大会常务委员会第二十八次会议《关于修改〈中华人民共和国水污染防治法〉的决定》第二次修正的《中华人民共和国水污染防治法》,第九十六条规定:"因水污染受到损害的当事人,有权要求排污方排除危害和赔偿损失。"第九十七条规定:"因水污染引起的损害赔偿责任和赔偿金额的纠纷,可以根据当事人的请求,由环境保护主管部门或者海事管理机构、渔业主管部门按照职责分工调解处理;调解不成的,当事人可以向人民法院提起诉讼。当事人也可以直接向人民法院提起诉讼。"

(4)2021 年 12 月 24 日,第十三届全国人民代表大会常务委员会第三十二次会议通过《中华人民共和国噪声污染防治法》,其第八十六条规定:"受到噪声侵害的单位和个人,有权要求侵权人依法承担民事责任。对赔偿责任和赔偿金额纠纷,可以根据当事人的请求,由相应的负有噪声污染防治监督管理职责的部门、人民调解委员会调解处理。"

(5)1982 年 8 月 23 日第五届全国人民代表大会常务委员会第二十四次会议通过,2023 年 10 月 24 日第十四届全国人民代表大会常务委员会第六次会议第二次修订的《中华人民共和国海洋环境保护法》,第一百一十四条规定:"对污染海洋环境、破坏海洋生态,造成他人损害的,依照《中华人民共和国民法典》等法律的规定承担民事责任。对污染海洋环境、破坏海洋生态,给国家造成重大损失的,由依照本法规定行使海洋环境监督管理权的部门代表国家对责任者提出损害赔偿要求。前款规定的部门不提起诉讼的,人民检察院可以向人民法院提起诉讼。前款规定的部门提起诉讼的,人民检察院可以支持起诉。"

(6)1987 年 9 月 5 日第六届全国人民代表大会常务委员会第二十二次会议通过,2015 年 8 月 29 日第十二届全国人民代表大会常务委员会第十六次会议第二次修订,根据 2018 年 10 月 26 日第十三届全国人民代表大会常务委员会第六次会议《关于修改〈中华人民共和国野生动物保护法〉等十五部法律的决定》第二次修正的《中华人民共和国大气污染防治法》,第一百二十五条规定:"排放大气污染物造成损害的,应当依法承担侵权责任。"

(7)2014年4月24日,第十二届全国人民代表大会常务委员会第八次会议修订了《中华人民共和国环境保护法》,"第六章法律责任"中解决了违法成本低的问题,加大了处罚力度。

一是规定了按日计罚制度。第五十九条规定,"按日计罚",就是按照违法的天数计算罚款,不再是一次性罚款;同时罚款总额上不封顶,且建立"黑名单"制度,将相关单位的环境违法信息记入社会诚信档案并向社会公布,提高了企业的违法成本。二是责令停业、关闭。第六十条规定:"企业事业单位和其他生产经营者超过污染物排放标准或者超过重点污染物排放总量控制指标排放污染物的,县级以上人民政府环境保护主管部门可以责令其采取限制生产、停产整治等措施;情节严重的,报经有批准权的人民政府批准,责令停业、关闭。"三是规定了行政拘留。第六十三条规定:"企业事业单位和其他生产经营者有下列行为之一,尚不构成犯罪的,除依照有关法律法规规定予以处罚外,由县级以上人民政府环境保护主管部门或者其他有关部门将案件移送公安机关,对其直接负责的主管人员和其他直接责任人员,处十日以上十五日以下拘留;情节较轻的,处五日以上十日以下拘留:

(一)建设项目未依法进行环境影响评价,被责令停止建设,拒不执行的;

(二)违反法律规定,未取得排污许可证排放污染物,被责令停止排污,拒不执行的;

(三)通过暗管、渗井、渗坑、灌注或者篡改、伪造监测数据,或者不正常运行防治污染设施等逃避监管的方式违法排放污染物的;

(四)生产、使用国家明令禁止生产、使用的农药,被责令改正,拒不改正的。"

此外,最高人民法院为了正确审理生态环境侵权责任纠纷案件,依法保护当事人合法权益,制定了《最高人民法院关于审理生态环境侵权责任纠纷案件适用法律若干问题的解释》(法释〔2023〕5 号)。该解释规定了能作为生态环境侵权案件处理以及侵权人应当承担侵权责任的相关情形,为生态环境侵权责任纠纷案件的审理工作提供了法律依据。

1.2.2　环境损害司法鉴定相关标准

开展生态环境损害赔偿,标准是重要的技术支撑。2020 年 12 月 29 日,生态环境部和国家市场监督管理总局联合发布了由生态环境部环境规划院牵头组织相关单位共同编制的六项标准,并于 2021 年 1 月 1 日起实施。包括:

(1)《生态环境损害鉴定评估技术指南　总纲和关键环节　第 1 部分:总纲》(GB/T 39791.1—2020);

(2)《生态环境损害鉴定评估技术指南　总纲和关键环节　第 2 部分:损害调查》(GB/T 39791.2—2020);

(3)《生态环境损害鉴定评估技术指南　环境要素　第 1 部分:土壤和地下水》(GB/T 39792.1—2020);

(4)《生态环境损害鉴定评估技术指南　环境要素　第 2 部分:地表水和沉积物》(GB/T 39792.2—2020);

(5)《生态环境损害鉴定评估技术指南　基础方法　第 1 部分:大气污染虚拟治理成本法》(GB/T 39793.1—2020);

(6)《生态环境损害鉴定评估技术指南　基础方法　第 2 部分:水污染虚拟治理成本法》(GB/T 39793.2—2020)。

该六项标准的制定和实施是贯彻落实中央改革部署的重要措施,是初步构建生态环境损害鉴定评估技术标准体系的重要标志,有助于进一步规范生态环境损害鉴定评估工作,为深入推进生态环境损害赔偿制度改革提供技术保障,为环境管理、司法审判等相关工作提供技术支撑。

1.2.3　环境损害司法鉴定管理

近年来,全国司法行政机关认真贯彻落实习近平生态文明思想,切实加强环境损害司法鉴定建设和管理,努力推动环境损害司法鉴定规范化、法制化、科学化发展,有效满足了环境资源诉讼和环境行政执法等鉴定需求,为打好污染防治攻坚战,建设美丽中国作出了积极贡献。

1.2.3.1　环境损害司法鉴定统一登记制度全面确立

(1)依法商"两高"。按照《全国人民代表大会常务委员会关于司法鉴定管理问题的决定》(以下简称《决定》)规定,根据诉讼需要由国务院司法行政部门商最高人民法院、最高人民检察院确定的其他应当对鉴定人和鉴定机构实行登记管理的鉴定事项,国家对其实行登记管理。为满足诉讼活动对环境损害司法鉴定的迫切需求,自 2013 年以来,司法部按照《决定》规定的商"两高"程序,与最高人民法院、最高人民检察院进行多次沟通协调,最终一致同意将环境损害作为新的鉴定事项纳入统一登记管理范围。环境损害司法鉴定是《决定》颁布 10 年来第一个经过商"两高"程序实行登记管理的鉴定事项。

(2)实行统一登记管理。2015 年 12 月,最高人民法院、最高人民检察院、司法部联合印发了《关于将环境损害司法鉴定纳入统一登记管理范围的通知》(司发通〔2015〕117 号),自此,国家对从事环境损害司法鉴定业务的鉴定人和鉴定机构实行登记管理制度。按照《决定》规定,省级司法行政机关负责对环境损害司法鉴定人和鉴定机构的登记、名册编制和公告等工作。在诉讼中,对环境损害有关事项发生争议,需要鉴定的,应当委托列入名册的环境损害司法鉴定人进行鉴定。

(3)明确基本管理框架。相对法医类、物证类、声像资料"三大类"司法鉴定管理,环境损害司法鉴定涉及面广、技术难度大、鉴定过程复杂,为切实规范环境损害司法鉴定工作,在环境损害司法鉴定管理制度确立之初,更加注重依法、合作、专业、规范、统一、务实,力求破解近年来司法鉴定管理工作面临的突出问题。2015 年 12 月,司法部和环境保护部密切配合,联合印发了《关于规范环境损害司法鉴定管理工作的通知》(司发通〔2015〕118 号),就环境损害司法鉴定实行统一登记管理和规范管理环境损害司法鉴定工作作出明确规定,以高资质、高水平为导向,对环境损害司法鉴定机构设置发展规划、环境损害鉴定事项范围、审核登记程序、监督管理工作等建立基本框架、作出总体设计、明确工作路径,为环境损害司法鉴定行业健康发展奠定了良好基础。

1.2.3.2　准入登记工作严格依法

(1)加快准入登记步伐。为满足环境资源诉讼、环境行政执法和生态环境损害赔偿制度改革等鉴定需求,2018 年 9 月,司法部办公厅印发《关于进一步做好环境损害司法鉴定机构和司法鉴定人准入登记有关工作的通知》,提出要科学统筹本省份生态环境、自然资源、农业农村、水利、林业草原等不同部门及高等院校、社会机构等科研力量,加快准入一批诉讼急需、社会关注的鉴定机构,如大气、水、土壤、野生动植物物种识别等相关机构,鼓励和引导优质科研机构、高等院校申请准入登记。司法部在全面梳理全国环境损害司法鉴定机构情况的基础上,督促机构少、力量薄弱的省份,加快准入一批诉讼急需、社会关注的环境损害司法鉴定机构;加强工作督导,自 2018 年 9 月起,建立环境损害司法鉴定准入登记工作月报告制度,督促各地将准入登记工作动态及时上报,对于落实不力、推诿塞责的有关单位和人员,将严肃追责。截至2020 年 12 月底,全国经省级司法行政机关审核登记的环境损害司法鉴定机构达 200 家、鉴定人 3300 余名,已实现除西藏自治区外的省域全覆盖,为打击环境违法犯罪、建设美丽中国提供了有力支撑。

(2)实行专家评审。相对传统"三大类"鉴定,环境损害司法鉴定涉及专业领域广、部门多、技术复杂,准入登记工作审核难度大。在《决定》以及《司法鉴定机构登记管理办法》(司法部令第 95 号)、《司法鉴定人登记管理办法》(司法部令第 96 号)等现有法律和制度规范框架内,2016 年 10 月,司法部、环境保护部(现生态环境部)联合印发《环境损害司法鉴定机构登记评审办法》(以下简称《评审办法》)、《环境损害司法鉴定机构登记评审专家库管理办法》(司发通〔2016〕101 号),将专家评审作为环境损害司法鉴定机构准入的必备环节,明确规定所有申请从事环境损害司法鉴定业务的法人和其他组织、个人,必须经过专家评审符合要求才可准入,并进一步明确了开展专家评审工作的程序、步骤及专家库的构成等。根据《评审办法》规定,省、自治区、直辖市司法行政机关应当根据申请人的申请执业范围,针对申请执业范围的每个鉴定事项成立专家评审组。专家评审组应当遵守有关法律、法规,按照司法行政机关的统一安排,坚持科学严谨、客观公正、实事求是的原则,独立、客观地组织开展评审工作。专家评审组开展评审前应当制定评审工作方案,明确评审的实施程序、主要内容、专家分工等事项。评审的内容包括申请人的场地、仪器、设备等技术条件和专业人员的专业技术能力等。评审的形式主要包括查阅有关申请材料,实地查看工作场所和环境,现场勘验和评估,听取申请人汇报、答辩,对专业人员的专业技术能力进行考核等。考核后提交由评审专家签名的专家评审意见书,包括评审基本情况、评审结论和主要依据等内容。评审意见书应当明确申请人是否具备相应的技术条件、是否具有相应的专业技术能力、拟同意申请人的执业范围描述等。评审结论应当经专家组三分之二以上专家同意。引入专家评审是《评审办法》的一大亮点,通过严把准入关保证环境损害司法鉴定机构的资质和水平。

(3)细化准入条件。为规范环境损害司法鉴定机构的技术条件能力,2018 年 6 月,司法部、生态环境部联合印发《环境损害司法鉴定机构登记评审细则》(司发通〔2018〕54 号,以下简称《细则》),要求各地严格按照《细则》规定组织开展环境损害司法鉴定机构登记评审工作,严把准入关,为公正、客观、准确评审环境损害司法鉴定机构提供明确指引,不断提高环境损害司法鉴定管理工作水平。《细则》针对污染物性质、地表水和沉积物损害、空气污染、土壤与地下水损害、近海海洋与海岸带损害、生态系统损害和其他环境损害鉴定七个鉴定事项,分别具体规定了环境损害司法鉴定机构登记评审的程序、评分标准、专业能力要求、实验室和仪器设备配置要求等,规定对鉴定机构的评审以技术水平为核心,对鉴定人员的构成以及实验室条件提出了明确、具体的要求,评审专家应当在总量控制、有序发展的原则下,严格执行评审标准,保证鉴定机构质量。《细则》的出台,为推动环境损害司法鉴定机构高资质、高水平发展奠定了坚实基础。

针对环境损害司法鉴定执业管理范围和事项不够细化等问题,在制定出台《细则》的基础上,2019 年 5 月,司法部、生态环境部联合印发《环境损害司法鉴定执业分类规定》(司发通〔2019〕56 号),将环境损害司法鉴定七大类鉴定事项细化为 47 个执业类别,对各执业类别的具体鉴定内容作出了详细说明,对于更加清晰准确地界定环境损害司法鉴定机构和鉴定人执业类别和范围,方便环境损害司法鉴定委托,切实提高环境损害司法鉴定管理工作的针对性、规范性和科学性具有重要意义。

1.2.3.3　环境损害司法鉴定执业环境不断优化

(1)推进标准统一。目前,与环境损害司法鉴定有关的技术规范和标准数量多、涉及面广,既有国家标准化管理部门发布的相关标准,也有生态环境部、自然资源部、农业农村部、水利部等部门依据部门职责编制的特定领域技术规范及行业标准等。2020 年 12 月 29 日,生态环境部和国家市场监督管理总局联合发布了六项标准,该六项标准的发布实施,是生态环境损害赔偿法律、法规、标准、规范体系建设取得的新进展,标志着生态环境损害鉴定评估技术标准体系框架基本形成。

(2)加强案例指导。为宣传环境损害司法鉴定功能作用,指导各机构开展环境损害司法鉴定工作,要求各地加大案例报送力度,鼓励参与环境损害司法鉴定工作的鉴定人积极参与案例编写,将案例报送数量和"12348 中国法网"司法行政(法律服务)案例库收录数量作为评价鉴定机构能力水平的重要指标。每个鉴定机构原则上每个月至少向本省(自治区、直辖市)司法厅(局)报送一篇鉴定案例,丰富环境损害司法鉴定案例类型,重点加强涉及污染物性质、土壤和地下水、地表水和沉积物、海洋、生态环境等的综合性鉴定案例,充分体现案例的多样性和多领域特点,不断提高环境损害司法鉴定业务水平。同时,选取鉴定过程严谨、论证充分、案件典型且贴近百姓生活的指导性案例及时编写发布,及时宣传环境损害司法鉴定助力美丽中国建设的实践和举措,不断提高社会知晓度,为环境损害司法鉴定行业发展营造良好舆论氛围。

(3)加强鉴定人队伍建设。为强化环境损害司法鉴定人法治思维,提高能力素质,适应环境损害司法鉴定技术方法不断更新和复杂案件不断涌现的情况,2020 年 12 月 8 日至 10 日,举办了全国环境损害司法鉴定人在线培训班。培训班精心邀请相关专家学者和优秀司法鉴定人,共讲授 16 节课程,涵盖政治理论、法律法规、程序规范、专业技术等内容。来自全国 29 个省(自治区、直辖市)和新疆生产建设兵团共计 2000 余名学员参加培训,取得良好效果。同时,为适应新时代公共法律服务体系建设需要,提高司法鉴定人队伍政治素质、法律素养、专业技能和职业道德水平,提高司法鉴定质量和公信力,2021 年 1 月,司法部印发《司法鉴定教育培训工作管理办法》(司规〔2021〕1 号),明确提出要制定教育培训方案,科学规划、合理统筹教育培训基地、教材、师资等建设,细化考核评估和学时管理要求,为加强环境损害司法鉴定人队伍建设奠定了坚实基础。近几年,全国各地举办不同形式的培训班对环境损害司法鉴定人进行培训,进一步提高司法鉴定人业务素质和职业道德水平,加强专业知识学习和业务能力培训。

(4)从严监督管理。近年来,司法部多次下发通知,开展"双随机、一公开"监督抽查,不断加大环境损害司法鉴定机构和鉴定人监管力度。建立健全环境损害司法鉴定黑名单制度与退出机制,对环境损害司法鉴定机构和鉴定人失信情况进行记录、公示和预警,对于存在违规收取高额费用、无故拖延鉴定期限、无正当理由拒绝接受鉴定委托、与有关人员串通违规开展鉴定等不良执业行为,或其他违反司法鉴定管理规定行为的鉴定机构和鉴定人,纳入环境损害司法鉴定黑名单,及时向社会公开,并推送给委托人,在委托前进行警示。同时拓展信息渠道,完善举报机制,鼓励有关单位和个人及时向司法行政机关举报鉴定机构委托受理工作中的违法违规问题。全面核查执业范围,动态了解、掌握环境损害司法鉴定业务开展情况,及时注销不符合法定要求的鉴定机构和鉴定人。

1.2.3.4 环境损害司法鉴定服务党和国家大局

(1)积极参与和支持检察公益诉讼。2019 年 1 月,司法部与最高人民检察院、生态环境部及国家发展和改革委员会等部门联合发布《关于在检察公益诉讼中加强协作配合依法打好污染防治攻坚战的意见》,就充分发挥各部门职能作用,在检察公益诉讼中加强协作配合,合力打好污染防治攻坚战,探索建立检察公益诉讼中生态环境损害司法鉴定管理和使用衔接机制,共同推动生态文明建设提出明确要求。为支持检察环境公益诉讼,解决司法鉴定费用高的难题,2019 年 5 月,司法部办公厅发布的《关于进一步做好环境损害司法鉴定管理有关工作的通知》指出,要及时推出一批检察公益诉讼中不预收鉴定费的鉴定机构,全面梳理本省份已登记环境损害鉴定机构情况,主动与鉴定机构对接沟通,鼓励引导综合实力强、高资质高水平环境损害司法鉴定机构在不预先收取鉴定费的情况下,能够及时受理检察机关委托的环境公益诉讼案件,依法依规开展鉴定活动,出具鉴定意见,未预先收取的鉴定费待人民法院判决后由败诉方承担。对于积极主动承担环境公益诉讼业务且不预收鉴定费的鉴定机构,各地要在政策、资金等方面给予扶持。此后,司法部组织开展了检察公益诉讼中不预先收取鉴定费用的环境损害司法鉴定机构推荐工作,各地司法行政机关共推荐首批58家在检察公益诉讼中不预先收取鉴定费用的环境损害司法鉴定机构,供各级检察机关在办理检察公益诉讼案件时选择委托,为检察机关办理环境公益诉讼案件提供有力支持。

(2)服务长江经济带司法鉴定协同发展。长江经济带11省(市),生态地位重要、综合实力较强、发展潜力巨大。推动长江经济带发展是党中央作出的重大决策,是关系国家发展全局的重大战略。司法鉴定制度作为一项重要的司法保障制度,在服务和保障长江经济带发展中具有重要作用。特别是环境损害司法鉴定在保障长江经济带的生态安全和绿色发展方面提供重要的证据支撑。司法部认真贯彻落实习近平总书记在深入推动长江经济带发展座谈会、全国生态环境保护大会上的重要讲话精神,服务国家重大发展战略,充分发挥环境损害司法鉴定功能作用,主动服务和融入长江经济带建设。2018年6月,司法部印发《司法部关于全面推动长江经济带司法鉴定协同发展的实施意见》(司发〔2018〕4号),提出以健全统一司法鉴定管理体制为目标,以环境损害司法鉴定为先导,推动长江经济带11省(市)司法鉴定规划布局、管理措施、执业规范、质量建设等的一体化,不断提高司法鉴定发展质量和水平,在更高格局、更大范围内推进司法鉴定行业规范、健康、有序、协同发展,引领和推动全国司法鉴定行业转型升级,保护长江母亲河,服务长江经济带发展。

(3)服务黄河流域高质量发展。为深入贯彻落实习近平生态文明思想,落实习近平总书记在黄河流域生态保护和高质量发展座谈会上重要讲话精神,充分发挥环境损害司法鉴定功能作用,助力黄河流域生态保护和高质量发展重大国家战略,2019年10月24日,司法部和山东大学共同组建"生态环境损害司法鉴定理论研究与实践基地",同日在山东大学青岛校区举办"黄河生态文明专家论坛暨生态环境损害司法鉴定理论研究与实践基地成立"仪式。通过部校紧密合作,建立完善的环境损害司法鉴定理论及技术体系,探索环境损害司法鉴定高端人才培养模式,组建环境损害司法鉴定技术交流与大数据网络共享智能平台和高端智库,促进理论与实践的高度融合,以环境损害司法鉴定服务黄河流域生态保护和高质量发展。

1.3 生态环境损害鉴定评估内容及范围

1.3.1 生态环境损害鉴定评估工作内容

生态环境损害鉴定评估主要包括以下工作内容:①对污染环境、破坏生态的行为进行充分调查;②对生态环境损害的事实和类型情况进行确认;③对污染环境或破坏生态行为与生态环境损害事实之间的因果关系进行判定和分析;④对已发生的生态环境损害的性质、程度和范围进行确定;⑤对已发生损害的生态环境恢复的可能性进行评估,如有恢复可能则制定相应的恢复方案;⑥对生态环境损害的实物量和价值量分别进行计算;⑦对生态环境恢复的效果进行评估。

1.3.2 生态环境损害鉴定评估工作范围

生态环境损害鉴定评估工作的范围主要是指空间范围和时间范围两个类型。其中空间范围可以根据污染物扩散迁移方向及范围或者污染环境或破坏生态行为的影响范围进行确定,在此过程中可根据实际情况对现场勘察、环境监测、生物监测、室内检测、遥感资料分析(如卫星影像、航拍照片等资料)以及模型模拟预测等技术手段进行综合运用。

生态环境损害鉴定评估工作时间范围的确定因损害类型、性质或损害期间应急方案或措施的不同而有所不同。生态环境损害鉴定评估的时间起点一般是指破坏生态或污染环境行为发生的时间,终点是指受到损害的生态环境及其生态系统功能恢复到基线水平的时间。人身损害鉴定评估的时间起点为污染环境行为发生的时间,终点为该行为造成人身损害可能的最大潜伏期。财产损害鉴定时间范围的确定需以损害的对象、性质以及赔偿方式等具体情况为依据。应急处置费用评估的时间起点为突发环境污染事件发生的时间,终点为应急处置结束的时间。

1.4 生态环境损害鉴定评估工作程序

生态环境损害鉴定评估的基本工作程序包括以下几部分:①制定鉴定评估工作方案;②调查确认生态环境损害情况;③分析因果关系;④对生态环境损害进行实物量化;⑤对生态环境损害进行价值量化;⑥编制生态环境损害鉴定评估报告;⑦评估生态环境恢复效果。在环境损害鉴定评估的实际工作中,应根据委托需求开展相应鉴定评估工作,可根据委托事项的相关需求适当简化工作程序。必要时,应针对工作中某些关键性问题,开展生态环境损害鉴定评估的专题研究。图1.1为生态环境损害鉴定评估工作的基本流程。

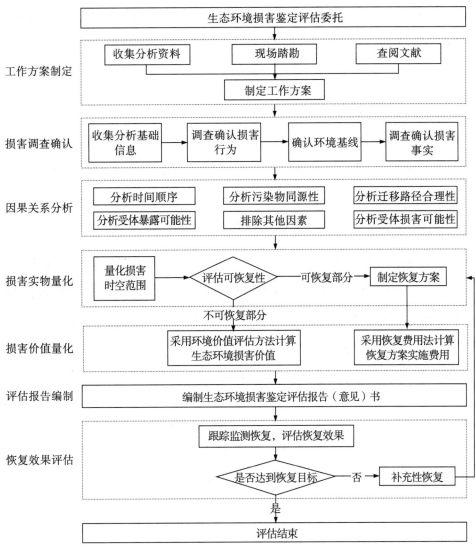

图 1.1　生态环境损害鉴定评估工作程序流程图

1.4.1　工作方案制定

生态环境损害鉴定评估方案制定阶段,也是生态环境损害鉴定评估工作开展的准备阶段,采用的主要手段有资料收集、文献调研、现场勘察、座谈走访、入户问卷调查、遥感影像分析等。该阶段的主要目标是对污染环境行为和破坏生态行为以及生态环境的主要特征和基本情况进行充分了解,对本次鉴定评估工作的目的、对象、时空范围、主要内容、质量控制和质量保证措施等进行确认，选择合适的评估方法和评估指标，并制定有针对性的鉴定评估工作方案。

1.4.2 损害调查确认

损害调查确认的工作内容主要是以准备阶段制定的方案为依据，对污染环境或破坏生态行为的事实进行掌握，对生态环境及其服务功能现状和基线进行调查和对比，对生态环境损害的事实及其类型进行确定。生态环境损害调查工作开展前应编制详细的调查方案，明确拟调查目标和内容，选择合适的调查方法，采取适当的质量保证措施对调查过程和调查结果进行严格的质量控制，并进行专家论证。生态环境损害调查确认工作的主要内容有以下两个方面：

一是充分收集污染环境、破坏生态行为的相关资料并对其进行分析，通过现场勘察和采样检测分析等手段，对污染环境、破坏生态行为的基本情况进行全面掌握。

二是收集生态环境损害的相关材料并对其进行分析，确定调查区域的生态环境基线，通过生态调查、环境监测、遥感分析、文献调研等手段，将评估区域生态环境情况与基线进行比较，确认其是否受到损害，如受到损害则进一步识别生态环境损害的性质和类型。

1.4.3 因果关系分析

以污染环境、破坏生态行为的发生，以及通过损害调查确认生态环境损害事实存在的结果为基础，对已发生的污染环境或破坏生态行为与生态环境损害事实之间是否存在因果关系进行进一步分析。进行因果关系判定有两个基本前提：一是污染环境或破坏生态行为明确发生，二是生态环境损害的事实确定存在。在因果关系分析工作开始之前，应先对污染环境或破坏生态行为与生态环境损害事实发生时间的先后顺序进行判定。污染环境或破坏生态行为发生在前,生态环境损害事实发生在后,该特征是开展因果关系分析工作的必要条件。

对污染环境行为与生态环境损害间进行因果关系分析的主要内容有以下几方面:①针对污染源、环境介质、生物等开展环境污染物的同源性分析;②对污染物在环境中的迁移路径进行合理性分析;③对生物暴露于污染物的可能性和污染导致生物发生损害的可能性进行分析。在因果关系分析过程中应尽量对其他可能的影响因素进行剔除,并对结论的不确定性进行客观分析和阐述。

对破坏生态行为与生态环境损害之间进行因果关系分析时采用的方法主要包括生态系统样方调研、生态实验观测、专家咨询、文献调研等,主要内容是对破坏生态行为导致生态环境损害发生的可能性进行判定分析,阐明其可能的作用机制,并建立相应的生态链条。

1.4.4　损害实物量化

通过对受到损害的生态环境状况与生态环境基线进行对比,可以确定出损害的程度和范围,从而计算出生态环境损害的实物量。该阶段工作的重点主要包括以下三个部分的内容。

第一是要选择合适的实物量化指标和参数,采用合理的量化方法。在此过程中除了需要综合考虑评估对象的基本情况、评估工作目的、各种方法的适用条件、各类资料的完备程度等情况外,还应选择合适的指标、参数和方法。在对生态环境的质量损害进行实物量化工作时,通常选择环境中特征污染物浓度作为关键量化指标;对于生态系统中生物资源损害的实物量化工作,一般以生态系统指示物种的种群数量、密度和结构以及植被覆盖度等生物指标为关键量化指标;对于生态系统服务功能损害的实物量化工作,应首先明确其服务功能类型,再根据其服务功能类型选择合适的量化指标,如给生物提供栖息地的服务功能损害可选择栖息地面积作为量化指标。

第二是要对生态环境中特征污染物浓度水平超过评估区生态环境基线的程度、时间等具体情况进行确定,这一步的结果主要通过对污染环境行为发生前后生态环境质量情况(如空气、地表水、沉积物、土壤、地下水等的情况)的变化进行分析来获得。

第三是获得生态系统中生物资源或生态系统服务功能差于评估区域生态环境基线的程度、时间和面积等具体情况,主要通过对生态系统中生物种群数量、密度、结构等在污染环境或破坏生态行为发生前后的变化情况进行比较分析得到。

对生态环境损害进行实物量化时经常用到生物统计分析、空间分析和模型模拟分析等不同的分析方法,在方法的应用上应尽量综合运用多种方法,并应对量化结果进行不确定性分析。

1.4.5 损害价值量化

在对生态环境损害进行价值量化时应考虑以下四种不同情况。

(1)污染环境或破坏生态的行为发生后,其对生态环境造成的损害可利用一定技术手段进行减轻或消除,而减轻或消除损害产生的污染清除费用可作为价值量化的一部分。该部分费用应以实际费用为准,在计算过程中应对实际费用发生的必要性以及合理性进行分析。

(2)生态环境损害事实发生后,若受损生态环境及其生态系统服务功能可通过一定方法得到完全恢复或部分恢复时,修复生态环境产生的费用可用于量化生态环境损害价值(恢复费用法),采用恢复费用法时应制定合理的生态环境恢复方案。

(3)生态环境损害事实发生后,若受损生态环境及其生态系统服务功能无法得到恢复,或只能得到部分恢复,或无法得到期间损害补偿时,可选择其他合适的方法对无法恢复部分生态环境的损害价值进行量化。

（4）在明确污染环境和破坏生态行为发生的前提下，如果损害事实无法明确或无法以合理的成本确定生态环境损害的价值，则可使用虚拟成本法来量化生态环境损害的价值。

1.4.6　评估报告编制

在完成生态环境损害鉴定评估工作的基本内容后，应按照《生态环境损害鉴定评估技术指南　总纲和关键环节　第 1 部分：总纲》(GB/T 39791.1—2020）的相关要求编写生态环境损害鉴定评估报告书（或意见书），同时针对具体评估工作建立完整的生态环境损害鉴定评估工作档案。

1.4.7　恢复效果评估

在进行生态环境损害鉴定评估时，如确定了相应的生态环境恢复方案，则在方案具体实施后，应采用合适的技术手段，对方案的执行情况、方案执行期间产生二次污染的情况、恢复目标达成情况、生态环境恢复效果以及公众对恢复行动的满意度等情况进行必要的跟踪监测或调查，评估方案对生态环境的实际恢复效果是否达到预期目标，并根据评估结果决定是否需进一步开展补充性恢复工作。

1.5　大气污染环境损害鉴定评估工作的主要内容和意义

大气污染环境损害鉴定评估是指具有资质或能力的鉴定评估机构按照相关技术指南规定的程序和方法，综合利用大气环境相关的专业知识和科学技术，对污染大气环境的行为和环境损害的基本情况进行调查，对污染大气环境行为的发生与环境损害事实之间的因果关系进行判定分析,在因果关系存在的前提下对污染大气环境行为导致环境损害的程度和范围进行评估,对大气环境状况恢复至评估区域大气环境基线所需付出的全部成本进行计算,从而量化大气环境损害价值的过程。

我国目前大气污染责任纠纷类案件主要包括两大类:第一类是企业违法排污(有明显污染物超标排放、未经处理直接排放或简单处理后排放行为)造成的大气环境损害;第二类是突发环境污染事件造成的大气环境损害,如有毒有害气体突发性泄漏、工厂突发性爆炸事件等。这两类案件的特点是:污染源排放主体基本明确,造成大气污染事实比较明显,污染事件所致的生态环境损害无法或很难通过人为恢复工程恢复。针对以上类型污染大气行为的大气污染环境损害鉴定工作内容主要包括:对大气污染环境损害情况进行调查确认;通过对大气污染物种类、性质、浓度的鉴定和分析,结合气象、地形等资料,分析污染物传输路径的合理性,进一步结合污染物的环境健康危害资料,对污染大气行为与环境损害之间的因果关系进行判定分析;确定大气污染环境损害的程度和范围,结合大气污染具体事件的特征,对大气污染环境损害价值进行量化。

大气污染问题是社会公众感受最直接、反映最强烈的环境污染问题,打赢蓝天保卫战对于打好污染防治攻坚战具有重要意义。虽然大气污染物进入大气环境中后能通过周边大气的稀释作用进行自净,无须实施针对大气环境本身的现场修复,但是大气污染物经过扩散、沉降等途径仍会污染其周边及其他地区的生态环境(包括植被、土壤、水体等);此外,某些大气污染物能对人体健康产生明显危害,因此不能因环境自净作用的存在而免除污染者应承担的生态环境损害赔偿责任。大气污染环境损害鉴定评估在大气污染案件中能起到技术支撑作用,为案件的审理和判决提供科学依据,有利于激励企业积极参与生态环境的保护工作,引导其自觉遵守环境保护相关的法律法规,推动企业大力发展绿色生产。

第 2 章　大气污染

2.1　大气污染的概念及特征

自然界和人类的生活、生产活动过程会向大气排放各种物质,这些物质以一定寿命存在于大气当中。当某种物质在大气中的浓度超过一定限值,对人体健康、生态系统或其他环境要素(空气质量、水体水质、气候条件等)产生不良影响时,就形成了大气污染现象。

大气污染物进入大气这一动态系统(输入)后,会参与到大气的物质循环过程中,不断与土壤、植物、水体等发生物质交换。污染物在大气中停留一定时间后,又会从大气中去除(输出),污染物的去除过程包括各种化学反应、物理传输或沉降以及生物吸收或转化过程等。当污染物在大气中的输入速率高于输出速率时,就会慢慢在大气中累积,浓度会相应地升高;当大气中该物质的浓度超出安全水平时,可能会对人类及其他生物、材料或其他环境要素等形成急性或慢性危害。以上就是大气污染形成的基本过程。

以前的研究往往认为只有在城市和工业区才会发生大气污染,因为这些地区的大气污染物浓度一般远远高于农村或郊区,大气污染也一度被认为是局部地区或区域性的环境污染问题。但是随着科学研究的逐渐深入,人们渐渐认识到大气污染属于全球性的环境问题,因为污染物可以随大气运动扩散到世界各地,最终散布在整个大气层中。以二氧化硫(SO_2)为例,其在大气中停留的时间较短,容易被氧化为硫酸盐,因此在很长一段时间内人们将 SO_2 当作局地污染物。但是酸雨问题在全球的蔓延说明 SO_2 可以跨国界传输,在几百平方千米甚至几千平方千米的范围内形成污染。又如过氧乙酰硝酸酯(peroxyacetyl nitrate,PAN)只生成于光化学反应过程中,其大气寿命也很短,但仍能在极偏远地区检测到该成分,这说明其发生了远距离传输。而对于在大气中寿命较长的氯氟烃类(CFCs)、甲烷(CH_4)等物质,则在浓度升高后更容易均匀分布于全球大气中。这些物质在大气中属于微量气体,其浓度升高不会直接污染对流层大气,亦不会直接危害人体、植物等,但这类气体浓度的升高可与 CO_2 一样对全球大气产生增温效应,因而也被纳入温室气体范畴,而众所周知,温室效应的增强会引起极地冰盖融化及海平面上升。部分含卤素烃类化合物还可破坏平流层臭氧,甚至形成臭氧空洞,从而导致地面短波辐射增加,使人类和其他生物暴露于紫外线中,长期累积之下会危害人类和其他生物的健康。因此,局地污染物和全球性污染物均应引起人们重视,以防患于未然。

迄今为止,对环境已产生或正在产生不良影响的大气污染物种类繁多,分类方式也多种多样,比如根据污染物的物理状态,一般将其分为气态污染物和颗粒态污染物两类;如果以污染物的形成过程为分类依据,则有一次污染物和二次污染物之分。其中一次污染物从污染源直接排放到大气环境中,代表物质包括 SO_2、NO、CO 等;二次污染物则由一次污染物通过发生一系列化学反应(包括光化学反应)过程而形成,以臭氧(O_3)、硝酸盐或硫酸盐颗粒物等物质为代表。目前人们重点关注和深入了解的大气污染物主要有 8 种:

(1)含硫化合物[SO_2、H_2S、$(CH_3)_2S$ 和 H_2SO_4 等];

(2)含氮化合物(NO、NO_2、NH_3、HNO_3 和 N_2O 等);

(3)含碳化合物[CO、CO_2、挥发性有机物(VOCs)等];

(4)光化学氧化剂(O_3、PAN、H_2O_2 等);

(5)含卤素化合物(HF、HCl 和 CFCs 等);

（6）持久性有机污染物；

（7）颗粒物（SO_4^{2-}、NO_3^-、含碳组分和重金属元素等）；

（8）放射性物质。

上述污染物中有许多物种在天然大气中原本就存在，只是在清洁大气中含量很低；而有的成分则是通过大气中各种化学反应的发生形成的（如 PAN、HNO_3、H_2SO_4 等）。

2.2　大气污染物的主要来源

大气污染物的来源包括自然源和人为源两类，其中自然源主要是指自然界中发生的各种物理、化学和生物过程。相对于人为源，自然源排放的大气污染物种类较少、浓度较低，但考虑到全球效应，自然源对大气污染的贡献不容忽视。自然源的重要性在环境状况较好的地区体现得尤为明显，而在城市和工业区，大气污染物的来源仍以人为源为主，自然源相对不重要。图 2.1 显示了大气污染物的主要来源。

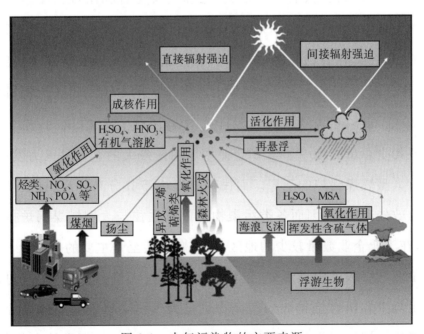

图 2.1　大气污染物的主要来源

大气污染物的主要自然来源有：①自然扬尘（沙尘、土壤扬尘等）；②自然界火灾（如草原或森林发生火灾排放 CO、CO_2、NO_x、VOCs 等）；③火山活动（SO_2、硫酸盐等颗粒物排放）；④森林排放（主要为萜烯类含碳有机化合物）；⑤海浪飞沫（主要排放颗粒物，如硫酸盐、亚硫酸盐等）；⑥海洋表层及浮游生物[主要排放挥发性含硫气体，如$(CH_3)_2S$ 等]。

在高度城市化和工业化的现代社会，大气污染的主要来源是人类生产和生活活动。从大气环境或大气污染防治角度来说，大气污染源主要是指人为源，即通过人类活动导致污染物向大气输送的排放源，通常分为以下五类。

2.2.1 化石燃料燃烧

化石燃料燃烧包括煤、石油、天然气等化石燃料的燃烧，是导致大气污染的重要人为源。

煤是全世界重要的燃料之一，无论是在工业上还是在日常生活中均得到广泛使用，主要由碳、氢、氧及少量氮、硫和金属化合物组成。煤燃烧过程中会产生大量烟尘，且会生成 CO_2、CO、硫氧化物（SO_2 及少量 SO_3）、氮氧化物（NO、NO_2）、烃类有机物等污染物。燃煤过程的大气污染物排放量巨大，20 世纪 60 年代末到 70 年代初，全世界由燃煤排放的 SO_2 约占人为源排放 SO_2 总量的 70%，NO_2、CO_2 约占人为源排放 NO_2、CO_2 总量的 50%，粉尘约占人为源排放粉尘总量的 40%。工矿企业中煤用量最大的企业是火力发电厂、钢铁厂和有大型燃煤锅炉的工厂。而民用燃煤由于其分布广泛、排放高度低且无任何有效处理措施，因而各类污染物排放量往往与大型燃煤锅炉排放量不相上下，在工业企业数量较少的地区，民用燃煤甚至是主要的排放源。

除工业燃煤和民用燃煤外，包括汽车、火车、飞机、轮船等在内的各种交通运输工具内燃机燃烧排放的污染物也是大气污染物的重要排放源。交通工具内燃机燃烧过程排放的废气中常常含有 NO_x、CO、挥发性有机化合物、硫氧化物和含重金属的化合物等多种有害污染物。由于交通工具流动性强且数量众多,污染物排放量巨大,因此也是大气污染物的重要排放源。

2.2.2　工业排放

工业排放也是城市大气污染物的重要排放源,由于工业生产活动而向大气排放的污染物不仅数量巨大,而且成分复杂。

许多行业可向大气排放工业废气,例如,石油化工行业排出含有硫化氢和大量挥发性有机化合物的废气;有色金属冶炼行业废气通常含有 SO_2,NO_x,以及含铅、镉、砷、汞等有毒重金属(类金属)的污染物;磷肥制造厂排出含氟化物的废气;酸碱盐相关行业排放含 SO_2、NO_x、HF 以及酸性气体的废气;钢铁工业在炼铁、炼钢和炼焦过程中,排放含有大量颗粒物、氰化物、氟化物甚至二噁英等污染物的废气。总而言之,工业过程中排放的大气污染物成分主要取决于工业企业的性质。

2.2.3　固体废弃物处理

固体废弃物是对多种工业、农业和生活活动产生的固体废物的总称,其复杂的成分和性质往往受废弃物来源、生活水平等因素的影响。焚烧和填埋是目前处置固体废弃物的主要方式。垃圾焚烧过程中产生的热能可以加以利用,但由于固体废弃物成分复杂且含有有毒有害物质,垃圾焚烧废气排放对大气污染往往也有重要贡献,即使采用最先进的焚烧和尾气处理设备,垃圾焚烧产生的二次污染问题仍是全球尚未彻底解决的环境污染问题之一。另外,垃圾填埋过程也会向大气排放大量废气(即垃圾填埋气,LFG),LFG 是由 CH_4、CO_2、O_2、N_2、H_2 以及多种痕量气体等组成的混合气体。有研究表明,垃圾填埋场的 CH_4 排放量在所有 CH_4 的人为排放源中位列第三。

2.2.4　农业活动排放

随着农业的不断发展,作物产量不断提高,农药和化肥的使用量一度快速增长。施用化肥及农药能在一定程度上提高农作物产量,但同时也向大气排放了大量污染物,引发了一定的环境污染问题。此外,畜禽养殖作为农业的重要组成部分,也成为大气污染物的重要排放源之一。

为保证农作物产量的稳定,大量氮肥被施用到农田中,其中仅有少量氮素会被作物吸收利用,其余氮素或以氨气形式挥发到大气中,或在土壤微生物作用下转化为 NO_x、N_2 等排放到大气中。大量研究表明,氮肥施用和畜禽养殖是大气中氨气的重要排放源,畜禽养殖过程中饲喂和粪便储存处理环节是主要的氨气排放环节。2012 年,我国氨气的总排放量为 $9.7×10^6$ t,其中畜禽养殖排放占比最高,为 51.9%,其次为氮肥施用,占比 29.1%。氨气是一种碱性气体,排放到大气中后易与酸性物质发生反应,进而形成大气颗粒物的重要成分二次无机气溶胶,对大气灰霾的形成有重要影响。N_2O 是一种重要的温室气体,且可传输至平流层,消耗平流层臭氧,对环境的不利影响也较大。农药是一类有毒的化学物质,在施用过程中可能扩散到大气中形成颗粒物,而作物表面残留或黏附的农药则可通过挥发作用释放到大气中。进入大气的农药既可以被悬浮的颗粒物吸收并通过干、湿沉降回到陆地或水体表面,也可以随大气环流向世界各地进行远距离传输,形成全球污染。例如,人们在从未使用过农药的南北两极地区的大气、冰雪及生物体内检出双对氯苯基三氯乙烷(又名滴滴涕,DDT)及其代谢产物,这一发现证明了 DDT 存在全球扩散现象。

2.2.5　生物质燃烧

在世界能源消耗总量中,生物质燃料约占 14%,是除煤炭、石油、天然气之外的世界第四大能源,全球约有一半人口的生活能源为生物质燃料。一直以来,生物质燃料都是我国尤其是农村地区的主要能源之一。农村地区大量生物质燃料燃烧会导致大量 SO_2、NO_x、NH_3、VOCs 等污染物排放到大气中,造成局地大气污染;同时生物质燃料的获取可能导致薪柴树种的过度采伐,使地表植被遭到破坏,从而造成水土流失。

2.3　大气中的主要污染物

多年以来,我国在大气污染防治方面做出了巨大努力,对于各种大气污染物排放的控制也越来越严格,其中受到重点关注的污染物有以下几种:大气颗粒物($PM_{2.5}$、PM_{10} 等)、二氧化硫(SO_2)、氮氧化物(NO_x)、挥发性有机物(VOCs)、臭氧(O_3)、一氧化碳(CO)等。

2.3.1　二氧化硫(SO_2)

SO_2 易溶于水,是一种具有刺激性气味的无色气体,主要的暴露途径为呼吸道暴露。SO_2 通过呼吸道进入气管后可对局部组织产生腐蚀作用,可能诱发支气管炎等疾病,而当 SO_2 与气溶胶结合在一起时,其对呼吸道黏膜的损伤可能会加重。大气中(特别是污染大气中)的 SO_2 易被氧化为 SO_3,SO_3 可与空气中的水分子进行结合而形成硫酸分子,硫酸分子再在均相或非均相成核过程的作用下形成硫酸气溶胶,同时与空气中的阳离子反应生成硫酸盐,最终可形成硫酸型酸雨或硫酸烟雾,对人体健康和地表植被均有较大危害(见图 2.2)。而 SO_2 在很长一段时间内被纳入重点关注和控制的大气污染物的原因就在于其对于硫酸烟雾和酸雨的形成起到重大作用。

图 2.2　酸雨的危害

含硫燃料的燃烧排放是大气中 SO_2 最主要的排放源。燃料中硫的存在形态分为有机态和无机态,煤的含硫量一般为 $0.5\%\sim6\%$,石油为 $0.5\%\sim3\%$。20 世纪 70 年代到 90 年代,我国的 SO_2 排放量增长迅速,1990 年我国 SO_2 排放量约占亚洲总排放量的 2/3,由此引发的环境问题也日趋严重,很长一段时间内我国针对大气污染物的控制都以 SO_2 减排为主要任务。通过长时间的不懈努力和严格控制,我国针对 SO_2 污染的控制取得了巨大成效。

2.3.2　氮氧化物(NO_x)

大气中氮和氧的化合物通常总称为 NO_x,由于氮的价态较多,因此 NO_x 种类也较多,主要包括 N_2O、NO、NO_2、N_2O_3、N_2O_4 和 N_2O_5,其中污染大气的物质主要是 NO 和 NO_2。NO 无色无味,难溶于水,在大气中本身浓度很低,在超低浓度条件下,NO 一般对人体健康的生物毒性不明显。但是 NO 排放到大气中后易被氧化成 NO_2，对光化学烟雾的形成有重要贡献。NO 可以诱发一系列化学反应从而导致大气污染的发生。当大气中存在催化剂或 O_3 等强氧化剂时，会加速 NO 的氧化。NO_2 的毒性是 NO 的 5 倍，是红棕色气体，化学性质活泼，刺激性强，能引起支气管炎、肺损害等健康问题。大气中的 NO_2 能参与光化学反应，从而形成光化学烟雾。光化学烟雾毒性比 NO_2 本身更强，可对人体健康产生危害。NO_x 的人为源主要有各种工业窑炉、机动车发动机燃料燃烧、柴油机燃料燃烧等；此外，土壤微生物的硝化作用、硝酸制造、炸药生产以及金属表面处理等过程也是 NO_x 的重要排放源。燃料燃烧是贡献最大的 NO_x 排放源，其 NO_x 排放量占总排放量的 90% 以上。

2.3.3　大气颗粒物（$PM_{2.5}$、PM_{10} 等）

大气颗粒物是悬浮在大气气溶胶体系中所有固体和液体粒子的总称，其空气动力学直径范围为 $0.003 \sim 100~\mu m$。根据其来源和物理性质，从大气污染防治角度，可将大气颗粒物分为如下几大类：

（1）粉尘：粉尘是指悬浮在空气中的固体微粒，在一定时间内可以保持悬浮状态，但在重力作用下能发生沉降。空气中的粉尘主要来源于煤炭燃烧过程，固体物质的破碎、研磨、分级、运输等机械过程，土壤或岩石风化等自然过程。粉尘颗粒通常呈不规则形状，尺寸范围一般为 $1 \sim 200~\mu m$。煤粉、水泥粉尘、各种金属粉尘、土壤粉尘、石英粉尘等物质均属于粉尘类污染物。

（2）烟尘（气）：在我国，烟尘一般指的是由冶金过程或化学过程形成的固体颗粒气溶胶。烟尘由熔融物质挥发生成的气态物质冷凝而成，生成过程中往往伴有氧化作用等化学反应。烟尘一旦形成便难以再分散，其颗粒很小，尺寸范围一般为 $0.01 \sim 1~\mu m$，对大气能见度有一定影响。金属冶炼、核燃料后处理等过程均能产生烟尘。

（3）飞灰：飞灰主要是指燃料燃烧过程排放的烟气中分散得较细的灰分。

（4）黑烟：黑烟通常是指在燃料燃烧过程中产生的能见气溶胶。

粉尘、烟尘、飞灰、黑烟等小固体颗粒物在某些情况下并无明显界限。在我国，一般将金属冶炼过程和化学过程中形成的固体颗粒，以及燃料燃烧过程中排放的飞灰和黑烟在无需细分时划分为烟尘一类；而在泛指小固体颗粒物的情况下则统称为粉尘。当大量微小颗粒物悬浮于大气中而使空气变得浑浊，导致能见度降低到小于 10 km 时，就形成霾（或灰霾）。霾是一种常见且典型的大气污染现象（见图 2.3），在逆温、静风、相对湿度较大的气象条件下更容易发生霾污染事件。

图 2.3　城市灰霾天气图

在我国现行的环境空气质量标准中，大气颗粒物可根据其颗粒大小被分为总悬浮颗粒物（TSP）、可吸入颗粒物（PM_{10}）和细颗粒物（$PM_{2.5}$），其中，PM_{10} 和 $PM_{2.5}$ 被纳入主要的大气污染物监测指标。

一般情况下，粒径小于 5 μm 的颗粒物能深入肺部，50% 以上 0.01～0.1 μm 大小的颗粒物能在肺腔中沉积，引起各种尘肺病。颗粒物的物理、化学活性与其粒径有关，粒径越小、比表面积越大的颗粒物其生理效应的发生和发展越快。此外，颗粒物表面往往吸附了空气中部分有害气体及重金属等有毒有害污染物，从而增强了其生物毒性。

2.3.4　挥发性有机物（VOCs）

对于 VOCs，不同国家、国际组织和机构的定义不尽相同。我国目前通常采用的是世界卫生组织的定义，即 VOCs 指的是常压下沸点在 $50\sim260$ ℃，且室温下饱和蒸气压超过 13.32 Pa 的一系列有机化合物。根据化合物结构的不同，可将 VOCs 分为烷烃类、芳香烃类、烯烃类、卤烃类、酯类、醛类、酮类和其他化合物等不同类型。

大气中 VOCs 的来源包括自然源和人为源。自然源主要有植物排放、动物排放、森林火灾排放、沼泽内厌氧过程排放等，其中植物排放是最主要的 VOCs 自然排放源。VOCs 的人为排放源组成十分复杂，大致上可以分为固定排放源、移动排放源和无组织排放源三大类。其中固定排放源主要包括化石燃料燃烧、垃圾焚烧、溶剂使用、石油贮存和运输、工业生产过程等；移动排放源包括所有与机动车、飞机和轮船等交通运输工具相关的排放，以及非路上源的发动机排放；无组织排放源主要包括生物质燃烧排放、溶剂挥发排放等。在所有 VOCs 的人为排放源中，交通运输排放贡献最大。工业过程的 VOCs 排放具有排放强度大、排放浓度高、种类多且复杂、影响持续时间长、波动大等特点，对大气环境影响很大。

VOCs 在大气中所扮演的角色是大气氧化过程的燃料，可显著增强大气氧化性，是光化学氧化剂臭氧和过氧乙酰硝酸酯的重要前体物，是光化学烟雾形成的主要控制因子。此外，由 VOCs 转化生成的二次气溶胶也是 $PM_{2.5}$ 的重要组成成分。芳香烃类化合物通常被认为是生成二次气溶胶的主要 VOCs 物种，而大气重污染事件的发生往往伴随着 $PM_{2.5}$ 中有机组分浓度的大幅度升高。除此之外，某些含卤素 VOCs 能进入大气平流层，在紫外线照射下，发生一系列链式化学反应，消耗平流层大气中的臭氧，进而形成臭氧层空洞。

VOCs 中的有毒有害组分除了对环境有不良影响外,还会对人体健康产生严重危害。短时间、低剂量的有毒 VOCs 暴露就会刺激呼吸道和皮肤,从而使人出现头痛、乏力和昏昏欲睡等症状;许多 VOCs 分子具有毒性和"三致(致癌、致畸、致突变)性",如乙醛、苯、甲苯、苯并[a]芘等,长期接触会增加人体罹患癌症和发生基因突变的概率,短时间暴露于高浓度 VOCs 废气中甚至会危及生命。

2.3.5 臭氧(O_3)

O_3 是天然大气中一种重要的微量气体,绝大部分分布于大气平流层,可吸收短波辐射,从而起到保护地球环境及人体健康的作用。然而,如果对流层大气中 O_3 浓度升高到一定程度,则会对环境和人体健康产生危害。O_3 是对流层大气中光化学烟雾污染的重要特征污染物之一,主要通过大气中的 VOCs 和 NO_x 等污染物发生光化学反应而生成。光化学烟雾能降低大气能见度,是一种强氧化性气体,对植物叶片和人体健康等均能产生危害。已有研究表明,O_3 会刺激眼睛和呼吸道,对肺功能也会产生一定不良影响。O_3 化学性质活泼,具有强氧化性,在生物体中易与有机物(尤其是含双键的有机物)快速发生非均相化学反应,例如,与不饱和脂肪酸、酶中的巯基、氨基和其他重要蛋白质发生反应等。因此,当 O_3 进入呼吸道时,会很快与呼吸道中的细胞、流体和组织发生反应,导致组织损伤和肺功能减弱,表现出咳嗽、呼吸短促等症状。

对流层大气中 O_3 的来源分为自然源和人为源。自然源主要有光化学反应生成和平流层垂直输入;人为源主要包括煤燃烧、交通运输、石油化工工业、生物质燃烧等,这些污染源能产生或排放大量 NO_x 或 VOCs,这两类物质是 O_3 的主要前体物,在紫外线照射及合适的气象条件下,可发生光化学反应,从而导致对流层大气 O_3 浓度的升高。

2.3.6　一氧化碳(CO)

CO 主要是由燃料的不完全燃烧产生的,是大气中含量较高的污染物之一。CO 进入人体后能与血红蛋白结合从而阻碍体内氧气输送,使人因缺氧而中毒:轻度 CO 中毒表现为头痛、疲倦、恶心、头晕等症状,重度中毒则会出现心悸、昏睡、窒息等症状甚至造成死亡。排入大气中的 CO,由于其在环境大气中发生扩散稀释或氧化作用,通常不会达到引发窒息的浓度;但在城市冬季采暖季或交通繁忙地段,当气象条件不利于污染物扩散时,CO 浓度会发生积累,并有可能达到危害人体健康的水平。不过作为常规大气污染物之一的 CO,其主要危害在于能参与大气中光化学烟雾的形成,以及造成全球性的环境问题。

2.3.7　温室气体

温室气体是指能够吸收地表长波辐射并重新发射辐射,对地表有增温效应的气体。目前,国际上不同协议、标准对需要受控的温室气体种类的规定略有不同,其中《京都议定书》规定的温室气体种类包括二氧化碳(CO_2)、甲烷(CH_4)、六氟化硫(SF_6)、氧化亚氮(N_2O)、氢氟碳化合物(HFCs)、全氟碳化合物(PFCs)六类。在温室气体排放的影响下,2011 年至 2020 年,地球表面的平均温度比 19 世纪末的平均温度高 1.1 ℃,并且比过去 12.5 万年的任何时候都高。同时,全球增温速度显著增加,比过去 2000 年来的任何时候都快。由于人类排放,大气中的温室气体含量持续上升,CO_2 浓度处于 200 万年来的最高水平,CH_4 和 N_2O 的浓度达到 80 万年来的最高水平。

温室气体的排放造成了地球上多个生态系统的变化。对于陆地而言,自 20 世纪 50 年代以来,陆地降水量有所增加;在热带地区,雨季降水更多,旱季降水更少,而许多动植物物种已经随着气候带的移动向两极和更高海拔的地方迁移。对于冰冻圈而言,地球上的很多冰冻区正在迅速融化,降雪总体在减少;自 20 世纪 50 年代以来,冰川的普遍退缩至少在过去两千年里没有出现过,当前北冰洋夏季海冰覆盖的面积比 20 世纪 80 年代减小了约 40%,覆盖面积至少为一千年以来最小;格陵兰岛和南极洲的冰盖正在缩小,全世界绝大多数冰川也在缩小。对于海洋而言,现在海洋变暖的速度比至少 1.1 万年以来的任何时候都快;自 1900 年以来,全球海平面上升了约 20 cm;其上升速度比至少三千年来的任何时候都快,而且还在加速;海洋从大气中吸收 CO_2,海洋酸化也在加剧。

温室气体的排放也将造成全球各地区面临更严重、更频繁的极端事件。工业化以来人类活动已经对地球气候系统产生了非常深刻的影响。自 20 世纪 50 年代以来,所有人类居住的地区都出现了更频繁和更强烈的热浪,许多地区出现了更严重、更强烈的降水事件。一些地区的土壤变得更加干旱,导致出现严重干旱灾害。在热带地区,热带气旋变得更加剧烈。全球变暖还导致一些极端事件蔓延至以前不常出现的地方。随着全球变暖,热浪、强降雨和干旱将继续变得更加严重和频繁,低概率、高影响事件的潜在影响不容忽视。

2.4 大气污染物的时空变化特征

与其他环境要素(如水、土壤等)中的污染物相比,大气污染物的主要特点是随时间和空间变化而产生剧烈变化。了解大气污染物的时空变化特征,对于获得能正确反映实际空气污染状况的监测结果有重要意义。

空气污染物的浓度及其时空分布与污染物排放源的高度、布局、排放量以及地形、地貌、气象等条件有密切关系。

气象条件(如风速、风向、大气湍流特征、大气稳定度等)是不断发生变化的,因此污染物在大气中的稀释与扩散情况也会不断发生改变。同一污染源在同一地点不同时间贡献的近地面空气污染物浓度往往相差数倍至数十倍,对同一时间不同地点污染物浓度的贡献也相差甚大。一天之内,一次污染物和二次污染物的浓度也在不断发生变化:一次污染物由于受到逆温层高度及气温、气压等因素影响,其浓度表现出清晨和黄昏较高、中午较低的时间变化特点;二次污染物,以光化学烟雾为例,由于在紫外线照射下才能形成,故光化学反应产物浓度表现出中午较高、清晨和夜晚较低的时间变化特征。风速越大,大气稳定性越差,则污染物在大气中稀释扩散速度越快,其浓度变化也越迅速;反之,稀释扩散速度越慢,浓度变化也越缓慢。

污染物时空分布特征与污染源的类型、排放规律及污染物的性质也有着密不可分的关系。例如,我国北方城市大气 SO_2 浓度呈现以下变化规律:一年当中的 1 月、2 月、11 月、12 月属于采暖季,煤燃烧量大,SO_2 排放量大,因此大气 SO_2 浓度比其他月份高;一天当中,6:00~10:00 和 18:00~21:00 为供热高峰时段,SO_2 浓度比其他时段高。点源或线源排放的大气污染物浓度变化较快,污染涉及的空间范围较小;大量点源(如工业区炉窑、分散供热锅炉等)组成的面源排放的大气污染物浓度在空间上分布较为均匀,且随着气象条件的变化有较明显的变化规律。就污染物本身性质来说,高度分散于空气中且质量较小的污染物易于扩散和稀释,随时间和空间变化快;而质量较大的污染物扩散能力比较差,污染影响的空间范围较小。

在空气污染监测工作中,时间分辨率的概念十分重要,对反映污染物浓度变化的时间作出了规定。例如,为了解污染物对人体的急性危害,要求监测的时间分辨率为 3 min;为了解光化学烟雾对呼吸道的刺激反应,要求监测的时间分辨率为 10 min。在《环境空气质量标准》(GB 3095—2012)中,要求测定空气中污染物的小时平均、日平均、月平均、季平均以及年平均浓度,目的是能准确反映污染物在不同时间尺度内的变化情况。

2.5 我国大气污染概况

世界范围内,迄今为止已发生了多次重大环境污染事件,造成大气污染,最终导致大量人口中毒或死亡,例如著名的伦敦烟雾事件、洛杉矶光化学烟雾事件等。大气污染可能导致多种疾病,如呼吸系统疾病、心血管疾病、免疫系统疾病以及肿瘤。相关统计数据显示,2021年,大气污染成为全球第二大死亡风险因素,全球约有810万人的过早死亡归因于大气污染。

改革开放以来,我国城市化和工业化进程明显加快,能源消耗迅速增加,大气环境污染问题成为我国已经面临并将长期面临的重大环境挑战之一。20世纪70年代,我国工业城市大气污染主要由煤烟型污染排放引起,其间主要的大气污染物为颗粒物和SO_2;20世纪80年代,我国遭受了大面积的严重的酸雨危害(以南方城市为主)。近年来国家越来越重视环境保护工作,工业SO_2排放限值不断降低,SO_2排放量随之减少,我国大气中SO_2浓度也逐年下降,但SO_2造成的空气污染仍然不容小觑。除此之外,随着机动车保有量的迅速增加,机动车尾气排放的NO_x、CO以及随后形成的光化学烟雾等,也成为许多大城市空气质量恶化的重要原因。虽然我国机动车尾气排放标准越来越严格,但由于机动车保有量居高不下,机动车尾气排放量也难以降低。大气污染防治工作是我国环境保护中最重要的工作之一,并且随着我国经济快速发展进程中出现的空气污染问题而不断深化。数十年来,我国在空气质量改善方面做了大量努力并取得了显著成效,近年来我国城市环境空气质量得到了明显改善。2019年,我国337个地级及以上城市年均大气PM_{10}浓度比2013年下降35.1%左右,$PM_{2.5}$浓度下降40%以上,SO_2浓度下降70%以上,NO_2浓度下降30%以上;京津冀和长三角地区2019年大气中$PM_{2.5}$年平均浓度比2013年分别下降46.2%和38.8%。由图2.4可以看出,除O_3外的五种常规污染物($PM_{2.5}$、PM_{10}、SO_2、NO_2、CO)浓度和超标率均呈现持续下降的趋势。以上数据表明,2013—2019 年,我国大气污染防治工作取得了巨大成效。

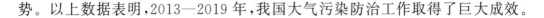
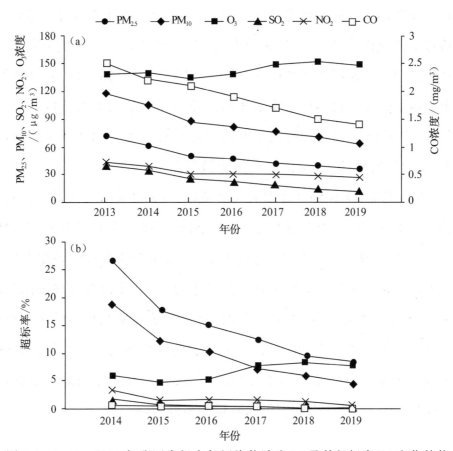

图 2.4　2013—2019 年我国常规大气污染物浓度(a)及其超标率(b)变化趋势

大气污染防治成效显著,但仍有许多挑战。虽然近年来我国在大气污染防治方面取得了显著进展,但从人体健康角度来看,我国城市以 $PM_{2.5}$ 为主要污染物的大气污染形势仍然十分严峻。2019 年,全国 337 个地级及以上城市大气 $PM_{2.5}$ 年均浓度为 36 $\mu g/m^3$,京津冀及周边地区"2+26"城市、长三角地区、汾渭平原的大气 $PM_{2.5}$ 年均浓度分别为 57 $\mu g/m^3$、41 $\mu g/m^3$ 和 55 $\mu g/m^3$,均未达到国家环境空气质量二级标准。2018—2019 年秋冬季节京津冀及周边地区"2+26"的城市大气 $PM_{2.5}$ 浓度出现回升,重污染天气仍时有发生。即使短期内能实现 $PM_{2.5}$ 浓度达标,但目前我国环境空气质量执行的标准限值还停留在世界卫生组织发布的第一阶段目标值,与发达国家执行并已实现的第二、三阶段目标值还有很大差距。除此之外,近些年的大气污染防治行动已经将能实施和相对容易实施的措施几乎都采用了,未来空气质量进一步改善和污染物减排工作的难度将进一步增大,所对应的边际成本将会越来越高。

值得引起重视的是,近几年我国大气 $PM_{2.5}$ 浓度持续下降的同时,O_3 浓度升高造成的空气污染问题逐渐凸显,以 O_3 为主要污染物的污染天数增加,成为各个大城市优良天数达标的重要阻碍。空气质量监测数据分析结果表明,近三年来,全国 O_3 浓度超标的地级市尤其是 2019 年超标城市数量剧增,其中大气 O_3 年均浓度超过 215 $\mu g/m^3$ 的城市数量高达 18 个。

与 $PM_{2.5}$ 类似,O_3 也是复合型大气污染物。$PM_{2.5}$ 包括一次颗粒物和二次颗粒物。一次颗粒物主要包含烟尘、粉尘、机动车尾气尘和扬尘等,二次颗粒物则是由一次排放的二氧化硫、氮氧化物、氨和挥发性有机物等在大气中经过一系列化学反应而生成的颗粒物。大气中的 O_3 几乎没有直接来源于人为排放源的,它主要是由氮氧化物和挥发性有机物等发生光化学反应而形成的二次污染物。解决以 $PM_{2.5}$ 和 O_3 污染为代表的区域性复合型大气污染问题,是未来我国开展大气污染防治工作的主要方向,为此必须强化属地责任,实行联防联控,实现多种污染物的协同减排和精准控制。

第3章 大气污染物监测、来源分析及治理技术

3.1 空气样品的采集

空气样品的采集方法和仪器的选择依据是空气中污染物的存在状态、浓度、物理化学性质及所用监测方法。空气样品的采集方法主要包括直接采样法和富集(浓缩)采样法。

3.1.1 直接采样法

直接采样法适用于在空气中浓度较高或监测方法灵敏度高的污染物,如一氧化碳、挥发性有机物、总烃(THC)等。直接采样法采集的空气样品往往用于测定污染物的瞬时浓度或短时间内的平均浓度,测定过程较为快速。直接采样法常用的采样容器包括注射器、气袋和真空罐(瓶)等(见图3.1)。

用于空气样品采集的注射器规格通常为 50 mL 或 100 mL,材质可以为玻璃或塑料,需配有惰性三通头。采样前应抽吸 3～5 次现场气体对注射器进行清洗,随后抽取一定体积的空气样品,密封后应将注射器进气口朝下进行垂直放置。样品运送过程中应保持注射器处于垂直放置状态,样品应进行保温避光保存,采样后应尽快对样品进行分析。

气袋采样常用于化学性质稳定、不与气袋发生化学反应的低沸点气态污染物的采集。常见的气袋材质包括金属衬里(铝箔)、聚乙烯、聚氯乙烯和聚四氟乙烯等。气袋采样的采样方式包括真空负压法和正压注入法两种。采样时,应先用现场气体对气袋进行3～5次清洗,再采集气体样品。采完样后迅速将进气管进行密封,运送过程中应注意避光保存,环境温差大时还应采取保温措施,采样后应尽快对样品进行分析。

真空罐(瓶)采样系统常配有进气阀门和真空压力表。真空罐材质一般为金属,且内表面经过惰性处理;真空瓶材质则通常为硬质玻璃。在用真空罐(瓶)进行采样前需对其进行3～5次清洗或加热清洗,并根据不同气样的采样要求进行抽真空处理。以挥发性有机物样品采集为例,采样前应将真空罐抽真空至10 Pa以下。真空罐(瓶)采样分为瞬时采样和恒流采样两种方式,其中恒流采样时需在进气口过滤器前安装限流阀来控制采样时的气体流量。采完样关闭阀门,样品常温保存,应尽快分析,且每批次真空罐(瓶)采样均应设置空白试验。

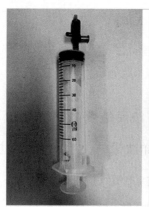  

(a)带三通头的注射器　　　(b)铝箔气体采样袋　　　(c)真空采样罐

图 3.1　常用于直接采样法的采样容器

3.1.2　富集(浓缩)采样法

一般情况下,大气污染物的浓度量级范围为 $\mu g/m^3 \sim mg/m^3$,直接采样法采集的空气样品中污染物浓度往往低于分析方法的检出限,而富集(浓缩)采样法能对空气中污染物进行浓缩,从而满足分析要求,因此成为重要的空气样品采集方式。富集采样法的采样时间一般较长,采集的空气样品中污染物浓度体现的是采样时段的平均浓度,对大气污染情况的反映更具代表性。富集采样法主要包括溶液吸收法、填充柱阻留法、滤膜采样法、滤膜-吸附剂联用采样法和被动采样法等。

3.1.2.1 溶液吸收法

溶液吸收法常用于采集空气中的气态、蒸气态及某些气溶胶态污染物。采样时,利用抽气装置以一定流量将待测空气抽入装有吸收液的吸收管或吸收瓶中,待采集够一定体积气样后倒出吸收液进行测定。污染物浓度根据采样体积和测定结果进行计算。溶液吸收法常用的吸收液有水、某些物质的水溶液和有机溶剂等。为了提高溶液吸收法的吸收效率,须根据被测污染物的性质选择合适的吸收液。溶液吸收法的吸收原理主要有两种:一种是气体分子溶解于吸收液中,如用水吸收空气中的氯化氢、甲醛,用体积分数为 10% 的乙醇溶液吸收硝基苯等;另一种是被吸收的气体与吸收液中的某种成分发生化学反应,如用四氯汞钾溶液吸收 SO_2 的基础是二者发生络合反应,而用氢氧化钠溶液吸收硫化氢则是基于中和反应。图 3.2 为常用的几种气体吸收容器结构示意图。

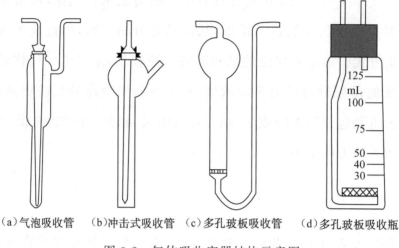

（a）气泡吸收管 （b）冲击式吸收管 （c）多孔玻板吸收管 （d）多孔玻板吸收瓶

图 3.2　气体吸收容器结构示意图

3.1.2.2　填充柱阻留法

填充柱一般由长 6～10 cm，内径 3～5 mm，内置颗粒状或纤维状填充剂的普通玻璃管、石英管或不锈钢管制成。采用填充柱阻留法进行采样时，待测空气以一定流速通过填充柱，在这个过程中，待测组分由于吸附、溶解或化学反应等作用被阻留在填充剂上，从而达到浓缩采样的目的。采集到足够样品后，通过解吸或溶剂洗脱手段，使待测组分从填充剂上释放出来并对其进行测定。根据阻留作用的原理，可将填充柱分为吸附型、分配型和反应型三类。其中吸附型填充柱适用于汞、挥发性有机物等气态污染物的采集，常见吸附剂包括活性炭、硅胶和有机高分子材料等吸附材料。分配型填充柱主要用于采集在有机溶剂中分配系数较大的组分，如有机氯农药蒸气等，分配型填充柱中的填充剂是表面涂有高沸点有机溶剂的惰性多孔颗粒物。反应型填充柱的填充剂主要由能与待测组分发生化学反应的惰性多孔颗粒物、纤维状物表面涂渍、纯金属（如金、银、铜等）丝毛或细粒制成，反应型填充柱对气态、蒸气态和气溶胶态物质都有较高的富集效率。

3.1.2.3 滤膜采样法

滤膜采样法主要用于采集总悬浮颗粒物、可吸入颗粒物、细颗粒物等大气颗粒物样品,后续可用于质量浓度测定及颗粒物中重金属、无机态离子、有机物等污染物浓度分析。通过滤膜采样法采集大气颗粒物主要依靠直接阻截、惯性碰撞、扩散沉降、静电引力和重力沉降等。滤膜采样的效率取决于滤膜性质、采样速率及颗粒物大小等因素。滤膜材料通常包括:纤维状滤料,如玻璃纤维滤膜、聚氯乙烯合成纤维膜等;筛孔状滤料,如微孔滤膜、核孔滤膜、银薄膜等。

用于采集颗粒物的采样器称为颗粒物采样器,根据采样流量大小一般分为大流量(约 1.05 m^3/min)、中流量(约 100 L/min)和小流量(约 16.67 L/min)采样器,根据采样通道数量又可分为单通道、双通道、四通道采样器等类型(见图 3.3)。颗粒物采样器一般由切割器、滤膜夹、流量测量及控制部件、抽气泵组成。

（a）单通道采样器 （b）双通道采样器 （c）四通道采样器

图 3.3 常用颗粒物采样器类型

3.1.2.4 滤膜-吸附剂联用采样法

滤膜-吸附剂联用采样法多用于采集半挥发性有机物(如多环芳烃等污染物)样品。这种采样方式串联了滤膜采样夹和装填吸附剂的采样筒,其中滤膜通常采用超细玻璃滤膜或石英纤维滤膜,滤膜需高温灼烧(约 400 ℃)4 h以上后才可使用。此种采样方法中常用的吸附剂有聚氨基甲酸酯泡沫、大孔树脂,或两种吸附剂的组合。

3.1.2.5 被动采样法

被动采样法采集空气中污染物利用的是物质的自然重力、空气动力和浓差扩散作用,主要用于采集降尘、氟化物(长期)等空气样品。被动采样法的优点是采样时不需要配备动力设备,操作简单,采样持续时间长,样品代表性好。

3.2 大气污染物的监测技术

本节主要介绍我国纳入常规监测的大气污染物及部分非常规污染物的监测分析方法。

3.2.1 SO_2 测定

常用的测定环境空气中 SO_2 的方法有分光光度法、定电位电解法、紫外荧光光谱法、电导法等。其中,紫外荧光光谱法和电导法往往用于自动监测。

3.2.1.1 分光光度法

(1)四氯汞盐吸收-副玫瑰苯胺分光光度法。测定原理:使用四氯汞钾溶液吸收气样中的 SO_2,使之生成化学性质稳定的二氯亚硫酸盐络合物,再加入甲醛和盐酸副玫瑰苯胺,反应生成紫红色络合物,在波长 575 nm 处测量其吸光度。

当吸收液体积为 5 mL,采样体积为 30 L 时,空气中 SO_2 浓度检出限为 0.005 mg/m³,检测下限为 0.020 mg/m³,检测上限为 0.18 mg/m³;当吸收液体积为 50 mL,采样体积为 288 L 时,空气中 SO_2 浓度的检出限为 0.005 mg/m³,检测下限为 0.020 mg/m³,检测上限为 0.19 mg/m³。

该方法具有选择性好、灵敏度高等优点,但所采用的四氯汞钾吸收液毒性较大,故一般情况下更推荐使用甲醛吸收-副玫瑰苯胺分光光度法测定环境空气中的 SO_2 浓度。

(2)甲醛吸收-副玫瑰苯胺分光光度法。采用甲醛吸收-副玫瑰苯胺分光光度法测定环境空气中的 SO_2 浓度,可以避免使用高毒性的四氯汞钾吸收液,在灵敏度、准确度等方面也与四氯汞盐吸收-副玫瑰苯胺分光光度法不相上下,且样品采集后稳定性高;但甲醛吸收法的操作条件要求较为严格。

测定原理:使用甲醛溶液吸收空气中的 SO_2,先反应生成化学性质稳定的羟甲基磺酸加成化合物,随后在溶液中加入氢氧化钠使加成化合物发生分解反应将 SO_2 释放出来,SO_2 继续与盐酸副玫瑰苯胺反应,生成紫红色络合物,在波长 577 nm 处测量其吸光度。

当吸收液体积为 5 mL,采样体积为 30 L 时,空气中 SO_2 浓度的检出限为 0.007 mg/m³,检测下限为 0.028 mg/m³,检测上限为 0.667 mg/m³。当吸收液体积为 50 mL,采样体积为 288 L 时,空气中 SO_2 浓度的检出限为 0.004 mg/m³,检测下限为 0.014 mg/m³,检测上限为 0.347 mg/m³。

在测定过程中,对检测结果产生干扰的物质主要是氮氧化物、臭氧及某些重金属元素。一般采样后静置一段时间即可分解掉臭氧,排除干扰;在吸收液中加入适量氨基磺酸钠溶液可排除氮氧化物的干扰;加入磷酸及乙二胺四乙酸二钠盐可以排除或降低某些金属离子的干扰。当样品溶液中含有二价锰离子,其浓度达到 1 μg/mL 时,可使溶液吸光度下降 27% 左右。

采用以上两种方法测定环境空气中 SO_2 浓度时采用的空气样品采集方式一致,采样方式有短时间采样和 24 h 连续采样两种:短时间采样采用普通空气采样器,流量范围设定为 $0.1 \sim 1$ L/min,采样器应配备保温装置;24 h 连续采样采用的采样器应同时具备恒温、恒流、计时、自动控制开关的功能,流量范围设定为 $0.1 \sim 0.5$ L/min。无论用什么方式采集空气样品均要准备现场空白样品,即将装有吸收液的空白采样管带到采样现场,其他采样管采集空气样品,空白样品不采气,两者环境条件要保持一致。空气样品采集、运输和贮存的全过程要避免阳光照射。在对室内空气进行 24 h 连续采样时,采样器进气口应与符合要求的空气质量集中采样管路系统相连接,以尽量减少进入吸收瓶前样品中 SO_2 的损失。

采用以上两种方法采样、进行实验及数据处理的具体流程和要求参见国家环境保护标准《空气质量　二氧化硫的测定　四氯汞盐-盐酸副玫瑰苯胺比色法》(HJ 483—2009)及其修改单和《环境空气　二氧化硫的测定　甲醛吸收-副玫瑰苯胺分光光度法》(HJ 482—2009)及其修改单。

(3)钍试剂分光光度法。采用钍试剂分光光度法测定 SO_2 浓度也是国际标准化组织(ISO)推荐的标准方法之一。该方法的优点是使用无毒试剂作为吸收液,采集后的样品稳定,缺点是灵敏度不高,且测定所需的空气样品体积大,适用于测定空气中 SO_2 的日平均浓度。

测定原理:首先用过氧化氢溶液吸收空气中的 SO_2 使其被氧化成硫酸。然后加入过量高氯酸钡与全部硫酸根离子反应生成硫酸钡沉淀,过量的钡离子则与钍试剂反应形成紫红色钍试剂-钡络合物,根据其颜色深浅,间接进行 SO_2 的定量测定。有色络合物最大吸收波长为 520 nm。当吸收液体积为 50 mL,气样体积为 2 m^3 时,该方法的最低检出 SO_2 质量浓度为 0.01 mg/m^3。

3.2.1.2　定电位电解法

定电位电解法的测定原理如下:抽取一定体积的空气样品进入传感器,

传感器的主要结构包括电解槽、电解液和电极（敏感电极、参比电极和对电极）等。空气中的 SO_2 进入传感器后由渗透膜扩散至敏感电极表面并发生氧化反应，从而产生极限扩散电流（i）。以下为反应式：

$$SO_2 + 2H_2O \longrightarrow SO_4^{2-} + 4H^+ + 2e^-$$

在规定工作条件下，法拉第常数（F）、电子转移数（Z）、气体扩散面积（S）、扩散层厚度（δ）、扩散系数（D）都是常数，极限扩散电流（i）的大小与 SO_2 浓度（c）呈正相关关系，因此可由反应过程中 i 的大小来确定气样中的 SO_2 浓度，计算公式如下：

$$i = \frac{Z \times F \times S \times D}{\delta} \times c \tag{3.1}$$

完整的定电位电解 SO_2 分析仪通常包括定电位电解传感器，恒电位源，信号处理系统，以及显示、记录系统四个部分（见图 3.4）。定电位电解传感器的作用是将空气样品中的 SO_2 浓度信号转换成电流信号。信号处理系统将电流信号进行 I/U 转换（即电流信号转换为电压信号）、放大等处理，之后将处理过的信号送入显示、记录系统对测定结果进行指示和记录。参比电极和恒电位源的作用是提供稳定的传感器工作电极电位，这是被测物质单独在工作电极上发生反应的重要保障。为排除其他因素的干扰，可以在传感器上安装适宜的过滤器以过滤掉空气中的杂质。用该仪器测定环境空气中的 SO_2 浓度时，须先分别用零气和 SO_2 标准气体进行调零和量程校正的操作。

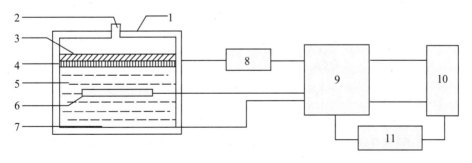

1—定电位电解传感器；2—进气口；3—透气膜；4—工作电极（W）；5—电解质溶液；6—参比电极（R）；7—对电极（c）；8—恒电位源；9—信号处理系统；10—显示、记录系统；11—稳压电源。

图 3.4　定电位电解 SO_2 分析仪

这类监测仪器通常有携带式和在线连续测量式两种类型,后者装有自动控制系统和微型计算机,可对仪器自动进行定期调零、校正、清洗、显示、打印等操作。

3.2.1.3　紫外荧光光谱法等自动监测方法

在对环境空气中 SO_2 自动监测的技术中,应用最广泛的方法为紫外荧光光谱法,该方法适用于环境空气、无组织排放空气及室内空气中 SO_2 的测定。

紫外荧光光谱法的监测原理为:通过流量控制器控制空气样品以恒定流量通过颗粒物过滤器以去除其中的颗粒物,过滤后的气体再进入 SO_2 测定仪的反应室,SO_2 在受波长 $200\sim220$ nm 的紫外线照射下产生激发态 SO_2 分子,激发态 SO_2 分子返回基态的过程中能发出波长 $240\sim420$ nm 的荧光,在一定浓度条件下,空气样品中 SO_2 的浓度与荧光强度成正相关关系,因此可以通过荧光强度计算空气样品中 SO_2 的浓度。样品空气中的芳香烃会对测定结果产生一定影响,可通过碳氢化合物去除器将其去除。图 3.5 为 SO_2 自动监测系统示意图,测定时所采用的测定仪性能指标应符合《环境空气气态污染物(SO_2、NO_2、O_3、CO)连续自动监测系统技术要求及检测方法》(HJ 654—2013)中的相关要求。

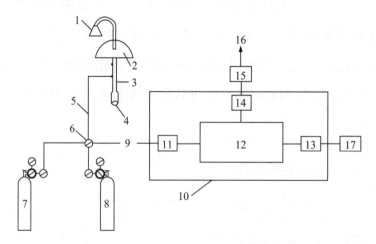

1—进气口;2—房顶;3—风机;4—空气除湿装置;5—进气管路;6—四通阀;7—零气;8—SO_2标准气;9—颗粒物过滤器;10—SO_2测定仪;11—除烃器;12—反应池;13—信号输出装置;14—流量控制器;15—泵;16—气体排空口;17—数据输出装置。

图 3.5　SO_2 自动监测系统示意图

3.2.2 NO$_x$测定

用于测定空气中 NO$_2$ 和 NO 浓度的常用方法有盐酸萘乙二胺分光光度法、原电池库仑滴定法和化学发光法等,其中化学发光法通常用于自动监测。

3.2.2.1 盐酸萘乙二胺分光光度法

该方法的优点是采样与显色可同时进行,操作简单,灵敏度高,可用于直接测定空气中的 NO$_2$ 浓度,是国内外应用最广泛的测定方法之一。单独测定 NO 浓度或测定 NO$_x$ 浓度时,需先将 NO 氧化成 NO$_2$ 后测定总 NO$_2$ 浓度,氧化 NO 采用的主要方法是高锰酸钾氧化法。

该方法的测定原理如下:先用一个装有吸收液的吸收瓶吸收空气中的 NO$_2$,NO$_2$ 与吸收液发生反应生成粉红色偶氮染料。这时空气中的 NO 与吸收液不发生反应,而是在氧化管中与酸性高锰酸钾溶液反应从而被氧化为 NO$_2$,该部分 NO$_2$ 被装有吸收液的第二支吸收瓶吸收并反应生成粉红色偶氮染料。生成的粉红色偶氮染料在波长 540 nm 处的吸光度与 NO$_2$ 浓度呈正相关。分别在波长 540 nm 条件下测定第一支和第二支吸收瓶中溶液的吸光度,就可以通过吸光度值分别计算出两支吸收瓶内 NO$_2$ 和 NO 的质量浓度,二者之和即为 NO$_x$ 的质量浓度(以 NO$_2$ 计)。

本方法检出限为 0.12 μg/(10 mL 吸收液)。当采用总体积为 10 mL 的吸收液,采集 4~24 L 空气样品时,空气中 NO$_x$(以 NO$_2$ 计)浓度的检出限为 0.005 mg/m³。当采用总体积为 50 mL 的吸收液,采集 288 L 空气样品时,空气中 NO$_x$(以 NO$_2$ 计)浓度的检出限为 0.003 mg/m³。当采用总体积为 10 mL 的吸收液,采集 12~24 L 空气样品时,空气中 NO$_x$(以 NO$_2$ 计)的测定范围为 0.020~2.5 mg/m³。若无特别说明,采用该方法进行采样和分析时使用的化学试剂、蒸馏水、去离子水等均须符合国家标准或专业标准。如有必要,可在每升实验用水中加入 0.5 g 高锰酸钾和 0.5 g 氢氧化钡后置于全玻璃蒸馏器中进行重蒸以制备符合要求的蒸馏水。

空气采样方式包括短时间采样和 24 h 连续采样两种,短时间采样时流量控制为 0.4 L/min,采样体积为 4～24 L;24 h 连续采样时流量控制为 0.2 L/min,采样体积为 288 L。两种采样方式采样时都应留有采样现场环境空白样品,即将装有吸收液的吸收瓶带到采样现场但不采样,与采样吸收瓶在相同条件下保存、运输,直到最后用相同手段进行分析,空白样运输过程中应注意防止污染。采样期间,样品采集、运输过程应避免阳光照射,样品应避光保存。当气温高于 25 ℃时,样品如需进行长时间(8 h 以上)运输或保存,则应采取相应的降温措施。图 3.6 和图 3.7 分别为短时间采样和 24 h 连续采样流程示意图。

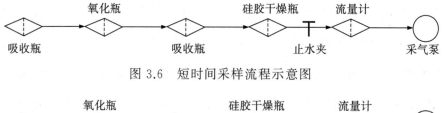

图 3.6　短时间采样流程示意图

图 3.7　24 h 连续采样流程示意图

采用以上方法采样、进行实验及数据处理的具体流程和要求参见国家环境保护标准《环境空气　氮氧化物(一氧化氮和二氧化氮)的测定　盐酸萘乙二胺分光光度法》(HJ 479—2009)及其修改单。

3.2.2.2　原电池库仑滴定法

与原电池库仑滴定法相对的是常规库仑滴定法,不同之处在于常规库仑滴定池在直流电压条件下工作,而原电池库仑滴定法依据原电池原理工作。原电池库仑滴定法中的库仑滴定池中包含两个电极,阳极为活性炭,阴极为铂网;滴定池内充有由 0.1 mol/L 磷酸盐缓冲溶液(pH=7)和 0.3 mol/L 碘化钾溶液组成的电解液。当含有 NO_2 的空气样品进入库仑滴定池时，NO_2 会与电解液中的 I^- 发生氧化还原反应，将 I^- 氧化成 I_2，而生成的 I_2 又会立即在铂网阴极上被还原为 I^-，从而产生微弱电流。在一定条件下，如果电流转换效率达到 100％，则微电流大小与空气样品中的 NO_2 浓度呈正相关，此时可依据法拉第电解定律利用产生电流的大小计算空气样品中的 NO_2 浓度，结果可直接在仪器上显示和记录。测定总 NO_x 浓度时，要先使空气样品通过装有三氧化铬-石英砂的氧化管，将 NO 氧化成 NO_2 后再通入库仑滴定池中。图 3.8 为原电池库仑滴定法 NO_x 监测仪的气路示意图。

原电池库仑滴定法也可用于自动监测，但存在一定缺点：NO_2 在水溶液中除与电解液中的 I^- 发生反应外还会发生副反应，造成一定的微电流损失，从而使电流的实测值仅为理论值的 70％～80％。此外，这种仪器连续运行的能力较差，维护仪器的工作量和成本也较大。

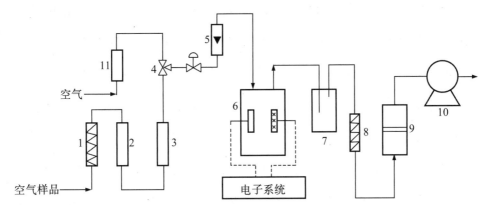

1、8—加热器；2—氧化高银过滤器；3—装有三氧化铬-石英砂的氧化管；4—三通阀；5—流量计；6—库仑滴定池；7—缓冲瓶；9—稳流室；10—抽气泵；11—活性炭过滤器。

图 3.8　原电池库仑滴定法 NO_x 监测仪气路示意图

3.2.2.3　化学发光法

目前我国国家环境保护标准规定的 NO_x 自动监测方法为化学发光法。化学发光法的基本原理是化学发光反应，某些化合物分子吸收一定的化学能后，被激发跃迁至激发态，激发态物质再由激发态跃迁回基态时，会产生一定波长范围的光辐射,以上化学反应过程就被称为化学发光反应。通过测量反应过程中的化学发光强度即可确定待测物质的浓度。化学发光反应往往出现在放热反应中,在气相、液相或固相中均可发生。

化学发光法的特点有:①灵敏度非常高,其检出限可低达 10^{-9} 数量级(体积分数);②选择性较好,通过对化学发光反应和发光波长进行精确选择,可有效消除共存组分的干扰;③线性动力学范围广,可以达到 $5\sim6$ 个量级。

利用化学发光分析法的 NO_x 自动检测器的工作原理:检测器的气路分为两路,一路为 O_3 发生气路,主要作用是提供反应所需 O_3;净化过的空气或氧气经由电磁阀、膜片阀,在流量计控制下以一定流量进入 O_3 发生器,净化空气或氧气经紫外线照射或无声放电作用,产生 O_3 并进入反应室。另一路为空气样品气路,空气样品过滤掉颗粒物后进入第一个反应室,在约 $345\ ℃$ 温度条件下,以石墨化玻璃碳为催化剂,NO_2 被还原为 NO(NO_2 向 NO 转化的催化剂也可用钼);生成的 NO 样气再在电磁阀和流量计控制下通入装有半导体制冷器的反应室与 O_3 汇合,NO 与 O_3 发生化学发光反应,反应产生的光量子通过反应室端面上的滤光片获得特征波长光并照射在光电倍增管上,将光信号转换成电信号,该电信号与空气样品中的 NO_x 浓度成正比;转换的电信号经放大和信号处理后,进入指示、记录仪表对测定结果进行显示和记录。反应室内发生反应后剩余的气体经净化器净化后由抽气泵抽出并排放到环境中。仪器的零点通过三通电磁阀抽入零气进行校正。

NO_x 检测仪分为三种类型:"双反应室+双检测器"类型、"双反应室+单检测器"类型以及"单反应室+单检测器"类型。由以上三种类型测定仪器组成的 NO_x 自动监测系统示意图分别如图 3.9、图 3.10 和图 3.11 所示。NO_x 自动监测系统所用检测仪器的性能指标须符合《环境空气气态污染物(SO_2、NO_2、O_3、CO)连续自动监测系统技术要求及检测方法》(HJ 654—2013)的相关规定。

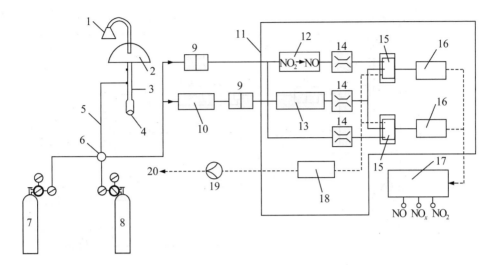

1—进气口；2—房顶；3—风机；4—除湿设备；5—进气管路；6—四通阀；7—零气；8—标准气；9—颗粒物过滤器；10—干燥装置；11—NO_x检测仪；12—NO_2向NO转换室；13—O_3发生装置；14—流量控制装置；15—化学发光反应室；16—信号输出装置；17—数据输出装置；18—O_3去除装置；19—泵；20—余气排空口。

图 3.9　"双反应室＋双检测器"型 NO_x 自动监测系统示意图

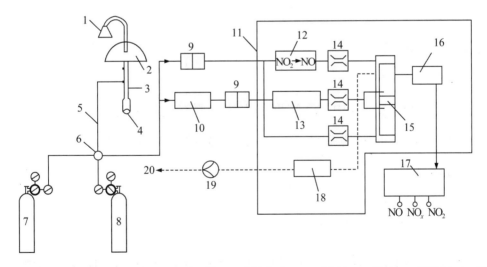

1—进气口；2—房顶；3—风机；4—除湿器；5—进样管路；6—四通阀；7—零气；8—标准气；9—颗粒物过滤器；10—干燥装置；11—NO_x检测仪；12—NO_2向NO转换室；13—O_3发生装置；14—流量控制装置；15—化学发光反应室；16—信号输出装置；17—数据输出装置；18—O_3去除装置；19—泵；20—余气排空口。

图 3.10　"双反应室＋单检测器"型 NO_x 自动监测系统示意图

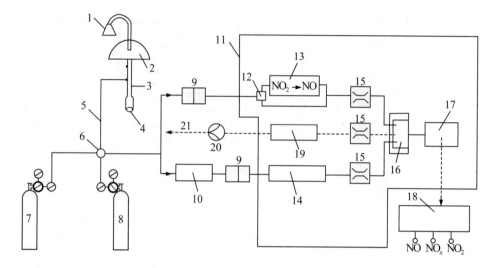

1—进气口；2—房顶；3—风机；4—除湿器；5—进样管路；6—四通阀；7—零气；8—标准气；9—颗粒物过滤装置；10—干燥装置；11—NO$_x$检测仪；12—顺序控制装置；13—NO$_2$向NO转换室；14—O$_3$发生装置；15—流量控制装置；16—化学发光反应室；17—信号输出装置；18—数据输出装置；19—O$_3$去除装置；20—泵；21—余气排空口。

图 3.11 "单反应室＋单检测器"型 NO$_x$ 自动监测系统示意图

3.2.3 CO 测定

用于测定环境空气中 CO 浓度的方法主要有气相色谱法、汞置换法、非分散红外吸收法、定电位电解法等。其中，非分散红外吸收法通常用于空气中 CO 的自动监测。

3.2.3.1 气相色谱法

色谱法又叫层析法，是一种可以对多组分混合物进行有效分离和测定的分析方法。色谱法的基本原理是：混合物中不同物质在相对运动的两个相态中进行选择性分配，具有不同分配系数，当固定相中各种物质随着流动相移动时，会在两个相态之间进行反复多次分配，使原来即使分配系数差异甚微的不同组分也可得到有效分离；之后将分离的各组分再依次送入检测器进行测定,以达到分离并分析不同组分的目的。气相色谱法是以气体(载气)作为流动相来分离、测定多组分混合物浓度的色谱分析法。

气相色谱法分离、分析多组分混合物所使用的仪器是气相色谱仪。气相色谱仪的组成一般包括载气系统、进样系统、分离系统(色谱柱)、检测系统(检测器和数据处理单元)及温度控制系统。气相色谱仪检测流程如下:高压钢瓶或气体发生器提供的载气先要经过减压、干燥和净化处理,测定流量后进入汽化室;空气样品由进样口注入,随后由载气携带进入色谱柱(装有固定相材料)进行分离;样气中经分离后的各个组分按沸点或极性顺序依次进入检测器进行检测,待测组分的浓度或质量信号被转换成电信号,经阻抗转换及放大处理后送入记录系统记录并显示不同信号随时间的变化曲线,气相色谱仪信号的采集和处理以及仪器工作状态的控制均通过数据处理系统(色谱工作站)来实现。

气相色谱法测定空气中 CO 浓度的原理如下:空气样品中的 CO、CO_2 和 CH_4 通过 TDX-01 碳分子筛柱进行分离,再以镍作为催化剂,以氢气作为还原剂,在高温条件(360 ℃±10 ℃)下将样气中的 CO、CO_2 转化为 CH_4,然后用氢火焰离子化检测器(FID)分别测定由 CO 和 CO_2 转化的 CH_4 以及样气中原有 CH_4 的浓度,三种物质的出峰顺序为:CO、CH_4、CO_2。当进样量为 1 mL 时,CO 检出限为 0.2 mg/m³。图 3.12 为气相色谱法测定空气中 CO 的气路图。

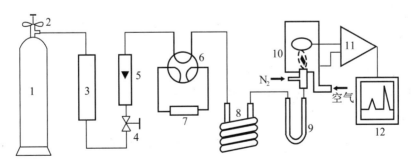

1—氢气钢瓶;2—减压阀;3—干燥净化管;4—流量调节阀;5—流量计;6—六通阀;7—定量管;8—色谱柱;9—转化炉;10—氢火焰离子化检测器;11—放大器;12—记录仪。

图 3.12　气相色谱法测定空气中 CO 的气路图

3.2.3.2　汞置换法

汞置换法又叫间接冷原子吸收光谱法。该方法测定空气中 CO 浓度的基本原理是：气样中的 CO 与活性氧化汞在高温条件下（180～200 ℃）发生反应生成汞蒸气，利用冷原子吸收测汞仪测定单质汞的含量，再根据化学反应方程式将汞含量换算成 CO 浓度。采用汞置换法测定 CO 浓度的工作流程如下：空气样品需先通过灰尘过滤器、活性炭管、分子筛管和硫酸亚汞硅胶管等净化装置以去除灰尘、水蒸气、二氧化硫、甲醛、乙烯、乙炔、丙酮等干扰物；再通过流量计和六通阀控制气体流量，由定量管取样并将样品送入含有氧化汞的反应室中发生反应；氯化汞和 CO 反应生成的汞蒸气随气流进入测量室，在低压汞灯发射的波长为 253.7 nm 紫外线照射下测定其吸光度，利用光电倍增管、放大器、显示及记录仪表等装置实现信号的放大、处理及记录测定结果。测定结束后剩余的气体经碘-活性炭吸附管处理后再由抽气泵抽出排放到环境中。图 3.13 为汞置换法 CO 测定仪的工作流程图。

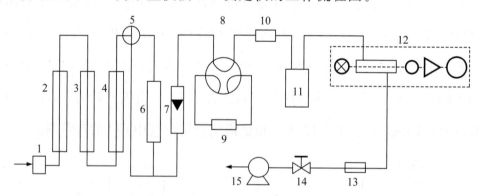

1—灰尘过滤器；2—活性炭管；3、10—分子筛管；4—硫酸亚汞硅胶管；5—三通阀；6—霍加拉特氧化管；7—流量计；8—六通阀；9—定量管；11—加热炉及反应室；12—冷原子吸收测汞仪；13—限流孔；14—流量调节阀；15—抽气泵。

图 3.13　汞置换法 CO 测定仪的工作流程图

3.2.3.3　非分散红外吸收法

该方法的测定原理如下：样气先以恒定流量通过颗粒物过滤器除去颗粒

物,再进入仪器的反应室中;在反应室中,CO 对以波长 4.5 μm 为中心波段的红外光进行选择性吸收,在一定浓度范围内,CO 浓度与红外光吸光度之间的关系遵循朗伯-比尔定律,因此可以根据吸光度值定量空气样品中 CO 的浓度。

采用非分散红外吸收法测定 CO 浓度的自动监测仪器性能应符合《环境空气气态污染物(SO_2、NO_2、O_3、CO)连续自动监测系统技术要求及检测方法》(HJ 654—2013)的规定。CO 自动监测系统构造示意图如图 3.14 所示。

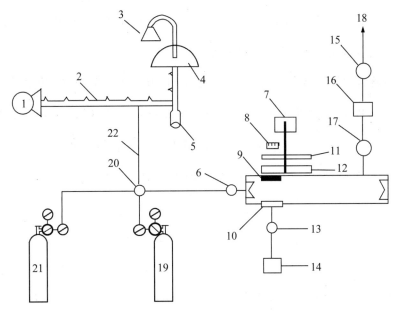

1—风机;2—多支管;3—进气口;4—房顶;5—除湿器;6—颗粒物过滤器;7—电动机;8—红外光光源;9—带通滤波器;10—红外检测器;11—截光装置;12—相关轮;13—放大器;14—数据输出装置;15—泵;16—流量控制装置;17—流量计;18—余气排空口;19—标准气;20—四通阀;21—零气;22—进气管。

图 3.14　CO 自动监测系统构造示意图

3.2.4　O_3测定

目前广泛用于测定空气中 O_3 浓度的方法主要有靛蓝二磺酸钠分光光度法、紫外吸收法和化学发光法。其中,紫外吸收法和化学发光法通常用于 O_3 的自动监测。

3.2.4.1 靛蓝二磺酸钠分光光度法

靛蓝二磺酸钠分光光度法属于我国国家环境保护标准推荐的手动测定O_3浓度的方法。该方法适用于环境空气中O_3浓度的测定,也可用于测定相对封闭环境(如室内、车内等)空气中O_3的浓度。

测定原理:以含有磷酸盐缓冲液和靛蓝二磺酸钠的溶液作为吸收液吸收空气中的O_3,O_3与蓝色的靛蓝二磺酸钠以等物质的量发生反应,生成使吸收液褪色的物质靛红二磺酸钠,在波长610 nm处测量其吸光度,可根据吸收液蓝色的褪色程度定量空气中O_3的浓度。

当空气样品体积为30 L时,该方法测定空气中O_3浓度的检出限为0.010 mg/m³,检测下限为0.040 mg/m³;在同样的空气样品体积下,采用质量浓度为2.5 μg/mL或5.0 μg/mL的吸收液时,测定上限分别为0.50 mg/m³或1.00 mg/m³。当待测空气中O_3浓度高于上述限制时,可适当减少气体的采样量。

3.2.4.2 紫外吸收法

在对环境空气中O_3的连续自动监测技术中,应用最广泛的方法是紫外吸收法,该方法同时也适用于环境空气中O_3的瞬时测定。

典型的紫外吸收法O_3自动监测系统示意图如图3.15所示。紫外吸收法测定环境空气中O_3的原理为:样气先通过除湿器和颗粒物过滤器以除去其中的水汽和颗粒物;之后再以恒定流速进入仪器的气路系统并分成两路,一路为待检测的样品空气,另一路进入涤气器选择性地将O_3进行洗涤后成为零气;样品空气和零气受电磁阀控制交替进入样品吸收池(或分别进入样品吸收池和参比池),O_3对253.7 nm波长的紫外光有特征吸收。设零气通过样品吸收池时检测到的光强度为I_0,样品空气通过样品吸收池时检测到的光强度为I,则I/I_0为样品空气的透光率。

仪器自带的数据处理系统将根据朗伯-比尔定律公式,由透光率计算出空气样品中的 O_3 浓度,计算方法见式(3.2):

$$\ln(I/I_0) = -a\rho d \qquad (3.2)$$

式中,I/I_0——样品透光率,即检测到的样品空气和零气光强度之比;

ρ——采样气温气压条件下气样中 O_3 的质量浓度($\mu g/m^3$);

d——吸收池的光程(m);

a——O_3 在 253.7 nm 处的吸收系数,$a = 1.44 \times 10^{-5}\ m^2/\mu g$。

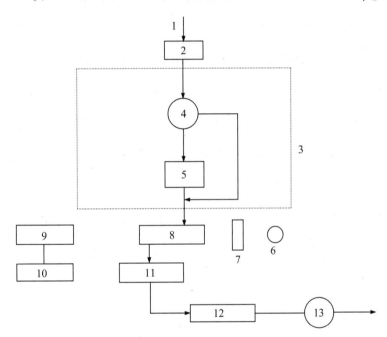

1—空气进样口;2—颗粒物过滤器和除湿器;3—环境 O_3 分析仪;4—旁路阀;5—涤气器;6—紫外光灯源;7—光学镜片;8—紫外线吸收池;9—紫外线检测器;10—信号处理装置;11—流量计;12—流量控制装置;13—泵。

图 3.15 典型的紫外吸收法 O_3 自动监测系统示意图

3.2.5 颗粒物测定

空气中颗粒物的测定项目较多,主要包括以下几项:总悬浮颗粒物(TSP)、可吸入颗粒物(PM_{10})、细颗粒物($PM_{2.5}$)及颗粒物中各化学组分含量等。

3.2.5.1　PM$_{10}$及 PM$_{2.5}$的测定

测定 PM$_{10}$和 PM$_{2.5}$的方法是：首先使用符合相关要求的切割器按不同粒径对采集的颗粒物进行分离，然后采用重量法、β射线吸收法、微量振荡天平法等对分离后的颗粒物进行测定。其中重量法主要用于颗粒物的手动监测，后两种方法常用于颗粒物的自动监测。

（1）重量法。重量法测定原理如下：采用对 PM$_{10}$和 PM$_{2.5}$分别具有一定切割特性的采样器，以恒定流速抽取定量体积的空气样品，用已知质量的滤膜截留样气中的 PM$_{10}$和 PM$_{2.5}$，根据采样前后滤膜的重量差和所采集的空气样品体积，计算出空气中 PM$_{10}$和 PM$_{2.5}$的浓度。

PM$_{10}$和 PM$_{2.5}$采样器的构成主要包括采样口、切割器、滤膜夹、流量测定及控制装置、抽气泵等部分。手动监测使用的采样器应符合《环境空气颗粒物（PM$_{10}$和 PM$_{2.5}$）采样器技术要求及检测方法》（HJ 93—2013）中对仪器性能和技术指标的规定。滤膜是 PM$_{10}$和 PM$_{2.5}$采样过程中所用到的最重要的材料之一，根据不同监测目的可选用玻璃纤维滤膜、石英滤膜等无机滤膜或聚氯乙烯滤膜、聚丙烯滤膜、聚四氟乙烯滤膜、混合纤维素滤膜等有机滤膜。滤膜应厚薄均匀，无针孔、毛刺。PM$_{10}$滤膜和 PM$_{2.5}$滤膜对 0.3 μm 标准颗粒的截留效率分别超过 99％和 99.7％。

对大气中的 PM$_{10}$和 PM$_{2.5}$进行采样前需做一定的准备工作，主要有清洗切割器、测定环境温度和大气压、检查采样器气密性、核查采样流量、检查滤膜并使滤膜经恒温恒湿平衡处理至恒重（通常需要 24 h 以上）后称重。采样前，将滤膜用无锯齿镊子放入清洁的滤膜夹内，并确保滤膜毛面面向进气方向。采样结束后，再用镊子将滤膜放入滤膜保存盒中，尽快进行恒温恒湿平衡处理，确保采样前后平衡条件一致。平衡后进行称重计算，计算公式如下：

$$\rho = \frac{w_2 - w_1}{V} \times 1000 \tag{3.3}$$

式中, ρ ——PM$_{10}$ 或 PM$_{2.5}$ 的质量浓度(μg/m^3);

$\quad\quad w_1,w_2$ ——采样前后滤膜的质量(mg);

$\quad\quad V$ ——标准状态下的采样体积(m^3)。

(2)β射线吸收法。β射线吸收法是一种自动监测方法,测定原理是利用物质对β射线的吸收作用。当β射线从被测物质通过时,射线强度发生衰减,其衰减程度取决于所透过物质的质量而非其物理、化学性质。β射线吸收监测仪的工作原理:通过测定未采集颗粒物的清洁滤膜和已采集颗粒物(PM$_{10}$ 或 PM$_{2.5}$)的采样滤膜对β射线强度的衰减程度差异来计算所采颗粒物的质量。由于气体的采样体积已知,因此可以根据所测得的颗粒物质量和采样体积来计算空气中 PM$_{10}$ 或 PM$_{2.5}$ 的浓度。用于颗粒物采集的滤膜通常为玻璃纤维滤纸或聚四氟乙烯滤膜;β射线源可用 ^{14}C、^{147}Pm 等低能源;检测器记录放射线脉冲数的装置为脉冲计数管。图 3.16 为单源β射线仪示意图。

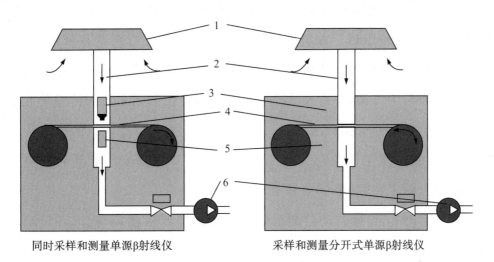

同时采样和测量单源β射线仪　　　　　采样和测量分开式单源β射线仪

1—切割器;2—进样管;3—β射线发射单元;4—滤膜;5—β射线接收单元;6—泵。

图 3.16　单源β射线仪示意图

(3)石英晶体振荡天平法。石英晶体振荡天平法主要用于空气中 PM$_{10}$ 和 PM$_{2.5}$ 浓度的自动监测。该方法采用的传感器为石英晶体谐振器。石英晶体谐振器是一个石英晶体锥形管,其两侧装有励磁线圈,顶端为可更换的滤膜。励磁线圈的作用是提供能量以激励石英晶体谐振。当含有 PM$_{10}$ 或 PM$_{2.5}$ 的空气通过滤膜时,颗粒物被截留在滤膜上而沉积下来,使滤膜质量发生改变,从而降低了石英晶体谐振器的振荡频率。滤膜质量变化与谐振器振荡频率之间的关系可用式(3.4)表示:

$$\Delta m = K_0 \left(\frac{1}{f_1^2} - \frac{1}{f_0^2} \right) \tag{3.4}$$

式中,Δm——滤膜质量增量,即采集的 PM_{10} 或 $PM_{2.5}$ 的质量;

$\quad\quad K_0$——常数,由谐振器特性和温度决定;

$\quad\quad f_0$——谐振器初始振荡频率;

$\quad\quad f_1$——滤膜沉积 PM_{10} 或 $PM_{2.5}$ 后的石英晶体谐振器振荡频率。

将式(3.4)中括号内的数据输入信号处理系统,计算出沉积在滤膜上的 PM_{10} 或 $PM_{2.5}$ 的质量,再根据采样时的气体流量、环境温度和大气压计算标准状态下空气中 PM_{10} 或 $PM_{2.5}$ 的质量浓度。

PM_{10} 和 $PM_{2.5}$ 连续自动监测系统由采样单元、测样单元、数据采集和传输单元以及辅助设备组成。采样单元主要包括采样口、切割器和采样管路等。环境空气中的颗粒物经采样口进入后先由切割器进行切割分粒,分粒后的目标颗粒物(PM_{10} 和 $PM_{2.5}$)进入测样单元进行测定。数据采集和传输单元的作用是对监测数据进行采集、处理和存储,并且按照中心计算机的指令传送监测数据和监测系统工作状态信息。辅助设备主要包括安装仪器时所需要的平台或机柜、固定装置、采样泵等。

PM_{10} 和 $PM_{2.5}$ 连续自动监测系统中采用的监测仪器应符合《环境空气中颗粒物(PM_{10} 和 $PM_{2.5}$)β射线法自动监测技术指南》(HJ 1100—2020)中对仪器性能指标的要求。

3.2.5.2　TSP 的测定

国内外广泛采用的测定 TSP 浓度的方法为滤膜捕集-重量法。该方法的测定原理如下:使用动力装置抽取定量体积的空气样品,使其通过已进行平衡处理至恒重的滤膜;样气中的颗粒物被截留并沉积在滤膜上,利用采样前后滤膜质量之差及采样体积,即可计算空气中的 TSP 浓度。将采集样品的滤膜经过适当处理后,即可分析颗粒物的化学组分。颗粒物的采样方式可根据采样流量的大小分为大流量、中流量和小流量采样法。按照式(3.5)计算空气中的 TSP 浓度(mg/m³):

$$TSP = \frac{W}{Q_n t} \tag{3.5}$$

式中,W——采样滤膜截留的 TSP 质量(mg);

　　　Q_n——标准状态下的采样流量(m³/min);

　　　t——采样时间(min)。

3.2.5.3　颗粒物中污染组分的测定

(1)水溶性离子的测定。颗粒物中常含有多种水溶性离子,它们常以气溶胶形式存在。大多数水溶性离子可通过离子色谱法进行测定,目前可用该方法测定的阴离子有 F^-、Cl^-、Br^-、NO_2^-、NO_3^-、PO_4^{3-}、SO_3^{2-}、SO_4^{2-} 等,阳离子有 Li^+、Na^+、NH_4^+、K^+、Ca^{2+}、Mg^{2+} 等。

离子色谱法测定颗粒物中水溶性离子的原理如下:以去离子水为溶剂,利用超声的方法对采集到的颗粒物样品进行提取;用阴离子色谱柱对阴离子进行分离,用阳离子色谱柱对阳离子进行分离;分离后的离子采用抑制或非抑制型电导检测器进行检测,根据离子的保留时间定性离子种类,根据出峰的峰高或峰面积的标准曲线定量目标离子浓度。

(2)金属元素的测定。颗粒物中金属元素的测定分为无需样品预处理和需要样品预处理两种情况。无需样品预处理的情况下可使用的测定方法有等离子体发射光谱法、中子活化法、X 射线荧光光谱法等。以上测定方法具有测定快速、灵敏度高、对样品无破坏、能同时测定多种金属及非金属元素等优点,但所用仪器价格昂贵,难以广泛推广使用。样品预处理后再测定的方法主要包括分光光度法、荧光光谱法、原子吸收分光光度法、催化极谱分析法等,这些方法所用仪器价格相对较低,是目前应用范围较广的方法。

测定颗粒物中金属元素时样品预处理的方法因其化学组分不同而有所不同,常用的样品预处理方法有干式灰化法、湿式分解法以及水浸提法等。

测定金属铍的常用方法有原子吸收光谱法、桑色素荧光光谱法或气相色谱法等;测定六价铬和铁常用的方法有分光光度法、原子吸收光谱法;砷的测定方法有二乙基二硫代氨基甲酸银分光光度法、硼氢化钾-硝酸银分光光度法或原子吸收光谱法;测定硒常用的方法有紫外分光光度法、荧光光谱法等;测定铅常用的方法有原子吸收光谱法、双硫腙分光光度法;测定铜、锌、镉、铬、锰、镍等金属元素则常采用火焰原子吸收光谱法或石墨炉原子吸收光谱法。

(3)有机化合物的测定。颗粒物中含有许多有机组分,其中包括多种有毒成分,如有机氯或有机磷农药、芳烃类和酯类化合物等,对人体健康有严重危害。目前多环芳烃(PAHs)为最受重视的物质之一,包含多种化合物,如菲、蒽、芘等,其中有不少化合物具有致癌作用,如3,4-苯并芘(简称苯并[a]芘或BaP)就具有强致癌性。

目前对于苯并[a]芘主要采用荧光光谱法、高效液相色谱法、紫外分光光度法等方法进行测定。在测定之前,需要先对空气样品进行提取和分离。

3.2.6　VOCs的测定

相较于其他污染物,环境和污染源排放的VOCs物种成分复杂,浓度范围跨度大,各成分的反应活性不相同,因此,对VOCs的监测也较为复杂。

3.2.6.1　监测标准

国内近年相继颁布了一系列有关VOCs监测方法的标准及规范,主要包括固定污染源和环境空气VOCs的监测两方面。其中,《固定污染源排气中非甲烷总烃的测定　气相色谱法》(HJ/T 38—1999)为最早颁布的监测方法(现行标准为HJ 38—2017),该监测方法以非甲烷总烃(NMHC)作为考量指标。非甲烷总烃作为一项综合性的监测指标一直沿用至今。针对 VOCs 具体组分的监测,国家在 2014 年先后颁布了《固定污染源废气　挥发性有机物的采样　气袋法》(HJ 732—2014)和《固定污染源废气　挥发性有机物的测定　固相吸附-热脱附/气相色谱-质谱法》(HJ 734—2014)。

针对环境空气中 VOCs 监测方法的标准目前主要有《环境空气　挥发性有机物的测定　吸附管采样-热脱附/气相色谱-质谱法》(HJ 644—2013)和《环境空气　65 种挥发性有机物的测定　罐采样/气相色谱-质谱法》(HJ 759—2023)。前者采用吸附管采样-热脱附/气相色谱-质谱法,适用于环境空气中 35 种 VOCs 的测定;后者采用罐采样/气相色谱-质谱法,适用于 65 种 VOCs 的测定。此外,由于苯系物及卤代烃具有较强的毒性及致癌性,其在环境中大量存在会给人体健康带来威胁,因此还出台了针对苯系物和卤代烃监测方法的标准,分别为《环境空气　苯系物的测定　固体吸附/热脱附-气相色谱法》(HJ 583—2010)、《环境空气　苯系物的测定　活性炭吸附/二硫化碳解吸-气相色谱法》(HJ 584—2010)和《环境空气　挥发性卤代烃的测定　活性炭吸附-二硫化碳解吸/气相色谱法》(HJ 645—2013)。

3.2.6.2　监测方法

由于 VOCs 的监测方法众多,受篇幅限制,该部分仅以非甲烷总烃测定的气相色谱法、环境空气测定的吸附管采样-热脱附/气相色谱-质谱法、预浓缩-气相色谱-氢火焰离子化法/质谱法以及化学电离飞行时间质谱法(CI-TOF)为例进行介绍。

(1)气相色谱法。目前大气中 VOCs 水平的主要表征指标是非甲烷总烃浓度,该指标普遍采用气相色谱法进行测定,用于测定的气相色谱仪必须带有氢火焰离子化检测器。该方法的测定原理如下:将空气样品由进样口注入进样管路中,分两路进行测定,其中总烃柱(不锈钢螺旋空柱)用于测定总烃含量,甲烷柱(填充 GDX-502 担体的不锈钢柱)用于测定甲烷含量,两者之差即为非甲烷总烃的含量。与此同时,将进行过除烃处理的空气替代样品空气注入总烃柱,测定总烃柱上氧的响应值,用于减除空气样品中氧在总烃测定过程中产生的干扰。图 3.17 为气相色谱法测定总烃和非甲烷烃的流程示意图。

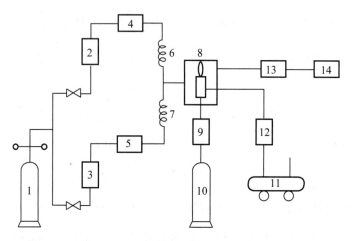

1—氮气钢瓶;2、3、9、12—净化器;4、5—六通阀(带 1 mL 定量管);6—填充 GDX-502 担体的不锈钢柱;7—空柱;8—氢火焰离子化检测器;10—氢气钢瓶;11—空气压缩机;13—放大器;14—记录仪。

图 3.17　气相色谱法测定总烃和非甲烷烃的流程示意图

　　气相色谱法除了可以测定非甲烷总烃浓度外,还常用于测定一些具体的 VOCs 浓度,如甲醇、乙醛、氯乙烯、丙烯醛、丙烯腈、苯胺类、氯苯类等的浓度。气相色谱法既可用于 VOCs 的手动测定,也可用于连续监测。在连续监测系统中所使用的气相色谱仪须具备图谱自动记录、历史图谱查询等功能;此外,分析仪还需具有实时或周期性监测当前火焰状态的功能,一旦监测到火焰熄灭,则立即自动切断燃烧气源。

　　(2)吸附管采样-热脱附/气相色谱-质谱法。吸附管采样-热脱附/气相色谱-质谱法可用于测定环境空气中的二氯乙烯、三氯甲烷、苯系物(包括苯、甲苯、乙苯、邻/对/间二甲苯等)等 35 种 VOCs 浓度。该方法的原理如下:先采用以活性炭为主的固体吸附剂对环境空气中的 VOCs 进行富集采样,再将吸附管置于热脱附仪中进行热脱附处理;通过氦气的载气流,样品中的目标组分随脱附气进入气相色谱仪进行分离,再用质谱(MS)进行检测。通过与待测目标组分标准质谱图进行比较及依据保留时间进行定性,采用外标法或内标法进行定量。目标组分地总离子流色谱图如图 3.18 所示。

此外,测定酚类污染物浓度可采用 4-氨基安替比林分光光度法,测定苯并[a]芘浓度可采用高效液相色谱法,测定二噁英类污染物浓度可采用同位素稀释高分辨质谱或高分辨毛细管气相色谱法。

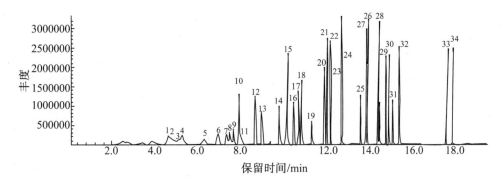

1—1,1-二氯乙烯;2—1,1,2-三氯-1,2,2-三氟乙烷;3—氯丙烯;4—二氯甲烷;5—1,1-二氯乙烷;6—反式-1,2-二氯乙烯;7—三氯甲烷;8—1,2-二氯乙烷;9—1,1,1-三氯乙烷;10—四氯甲烷;11—苯;12—三氯乙烯;13—1,2-二氯丙烷;14—反式-1,3-二氯丙烯;15—甲苯;16—顺式-1,3-二氯丙烯;17—1,1,2-三氯乙烷;18—四氯乙烯;19—1,2-二溴乙烷;20—氯苯;21—乙苯;22—间,对二甲苯;23—邻二甲苯;24—苯乙烯;25—1,1,2,2-四氯乙烷;26—4-乙基甲苯;27—1,3,5-三甲基苯;28—1,2,4-三甲基苯;29—1,3-二氯苯;30—1,4-二氯苯;31—苄基苯;32—1,2-二氯苯;33—1,2,4-三氯苯;34—六氯丁二烯。

图 3.18　目标组分的总离子流色谱图

(3)预浓缩-气相色谱-氢火焰离子化法/质谱法。当前气相色谱与 FID 和 MS 联用是快速测定大气 VOCs 的重要方法。预浓缩一般通过电子制冷或液氮-冷阱捕集和浓缩大气样品,并通过程序升温和二次捕集的方式进一步浓缩和纯化样品。电子制冷技术具有安全、富集效果好、占用空间小等优点,且不依赖于液氮,使用范围更为广泛。由于环境空气监测覆盖 100 多种 VOCs(C2~C12),一根色谱柱很难实现所有碳氢化合物的最优分离,且甲醛在 FID 上的灵敏度差,因此通过中心切割技术对前处理后的样品进行处理,一针进样,可同时实现环境空气中 100 多种 VOCs 的监测。中心切割技术的工作原理为:将乙烷、乙烯、乙炔、丙烷 4 种化合物切换至 Plot 色谱柱进行分离,分离后的组分进入 FID 进行测定;其余 VOCs 则在聚甲基硅氧烷柱上进行分离并后续通过 MS 进行定性、定量测定。

(4)化学电离飞行时间质谱法。化学电离飞行时间质谱仪可以对多种类 VOCs 和半挥发性无机物(SVOCs)提供很低的检测限,待测物质体积浓度低于 10^{-12} 时仍可被检测到,适用于实验室、工业和移动平台等应用场景。化学电离飞行时间质谱仪直接对空气进行采样,通过化学电离(CI)使待测物分子带电。电离后待测物分子具有不同质荷比(m/z),这种差别使不同质量的 VOCs 分子在相同距离的电场中飞行时间(TOF)不同,从而实现对离子的分辨,并同时记录不同 TOF 离子的响应强度(浓度),进而实现对不同化学成分 VOCs 的定性和定量检测,实现 VOCs 秒级响应和在线分析,实时获得空气样品的化学组分。

化学电离飞行时间质谱仪最具特色的电离技术是质子转移反应(PTR)电离,它是一种"软"电离方法,一般不会导致产物离子碎裂。PTR 电离法一般以水合氢离子(H_3O^+)为母离子,待测物(VOCs)只需满足其质子亲和势大于水的质子亲和势(691 kJ/mol)即可被 PTR 电离,电离后可以观察到待测物的分子离子,该分子离子的质量等于 VOCs 质量加 1。与其他技术相比,PTR 电离法的优势为:大气环境中存在的绝大部分 VOCs 都可被电离,电离效率较为类似;响应值相对统一,这使得对于一些无法通过外标样定量分析的物质可以根据其反应常数和反应条件来计算相应的响应值,进行定量浓度分析。此法适用于园区定点监测和走航 PTR 仪器,可在未知污染源现场检测出一个误差可控的浓度数值,提高检出结果的准确度,这是其他电离技术无法做到的。

3.2.7 污染源监测

大气污染源主要包括固定污染源和移动污染源两类。固定污染源指的是燃烧锅炉(燃煤、燃油、燃气)、工业炉窑以及化工、冶金、建材等工业生产过程通过排气筒向环境空气排放废气的污染源,一般分为有组织排放源和无组织排放源:有组织排放源是指集中收集和排放废气的烟道、烟囱和排气筒等;无组织排放源是指无固定排放设施或排放高度不足 15 m 的露天排放源或无固定收集排放设施的车间、工棚等。固定污染源排放的废气中既可能包含固态的颗粒物(如烟尘、粉尘等),也可能含有多种气态或气溶胶态的有毒有害物质。移动污染源是指能向大气排放废气的汽车、火车、飞机、轮船等交通运输工具,排放物中往往含有大量的 CO、NO_x、烃类、烟尘等。

3.2.7.1　固定污染源监测

对固定污染源进行监测的目的是:检查固定污染源排放的废气中污染物含量是否能达到国家或地方发布的污染物排放标准和污染物总量控制标准;评估净化设施及污染防治设备或装置的性能和运行情况,为环境空气质量管理和评价提供足够的数据支撑。

对固定污染源的监测应在生产设备正常运行时进行,对由于生产过程改变而引起污染物排放情况改变的污染源,须根据其变化特征和周期展开系统性的监测。固定污染源监测的内容主要包括以下几方面:废气排放量、污染物的排放浓度以及排放速率。监测过程中,使用标准状态下干气体体积对废气排放量和污染物排放浓度进行计算。

固定污染源监测工作应按照《固定源废气监测技术规范》(HJ/T 397—2007)、《固定污染源烟气(SO_2、NO_x、颗粒物)排放连续监测技术规范》(HJ 75—2017)、《固定污染源烟气(SO_2、NO_x、颗粒物)排放连续监测系统技术要求及检测方法》(HJ 76—2017)、《固定污染源烟气(二氧化硫和氮氧化物)便携式紫外吸收法测量仪器技术要求及检测方法》(HJ 1045—2019)等环境保护标准中的规定执行。

3.2.7.2　移动污染源监测

(1)气体排放物测定。以测定轻型汽车排放尾气为例,将汽车放置在带有冠梁模拟和负荷的底盘测功机上,对尾气进行采样测定。需经过环境空气的连续稀释后再对汽车排放尾气的样品进行采集,因此需同时采集经稀释的排放尾气样品和环境空气样品并进行分析。排放尾气样品中污染物的浓度以环境空气中污染物的浓度为参照进行修正。

采样装置可使用采气袋,采气袋材料需符合以下要求:采样结束后 20 min 内采样袋材料对混合气体污染物浓度的改变不得大于 2%。

对安装有尾气处理装置的汽车尾气进行采样时应将稀释排气的采样点设置在处理装置下游和抽气装置的下游位置;采样流速的变化不得超过平均流速的 2%;采样流量最低为 5 L/min,同时应低于稀释排气量的 0.2%;用于稀释的环境空气采样口应尽量靠近环境空气进气口,采样流量应保持恒定且接近稀释排放尾气采样流量。

移动污染源气体污染物浓度的检测方法以仪器分析为主,具体见表 3.1。

表 3.1　轻型汽车尾气中气体污染物的测定方法

气体污染物	分析仪器	备注
CO 和 CO_2	非分散红外吸收型 CO 和 CO_2 分析仪	
THC	带氢火焰离子化检测器型总烃分析仪	针对点燃式发动机;用丙烷进行标定,以碳原子当量[①]表示
	带加热式氢火焰离子化检测器型总烃分析仪	针对压燃式发动机;检测器、阀、管道等部件加热至(190±10)℃,用丙烷进行标定,以碳原子当量表示
CH_4	气相色谱＋氢火焰离子化检测器型 CH_4 分析仪	用 CH_4 气体标定,以碳原子当量表示
NO_x	化学发光法或非扩散紫外线谐振吸收型 NO_x 分析仪	需带有 NO_x-NO 转化器

①　碳原子当量:用于表示物质在化学反应中所具有的可供反应的碳原子数量或质量。

（2）颗粒物测定。颗粒物采样装置应包括以下部件：采样探头、采样泵、颗粒物导管、过滤器，以及流量控制器和测定单元。采样点应设置在排气稀释通道中，从空气/排气的均匀混合气中采集颗粒物样品。采样时的空气流量应与总的稀释流量成一定比例，误差应控制在±5％以内。在过滤器前安装粒径切割器，以采集空气/排气混合气中不同粒径的颗粒物。颗粒物样品用过滤器内带有碳氟化合物涂层的玻璃纤维滤纸或以碳氟化合物为基体的薄膜滤纸进行收集。采样前后滤纸的称重条件要求如下：温度控制在（22±3）℃，相对湿度控制在 45％±8％，露点控制在（9.5±3）℃。

3.2.8　应急监测

当有突发性大气污染事件发生时，往往需要对污染物进行快速定性或定量应急测定。目前在大气污染物应急监测领域应用比较广泛的方法主要有便携式红外法、便携式气相色谱法和传感器法等。

3.2.8.1　便携式红外法测定优先污染物

便携式红外法主要适用于突发性大气污染事件发生后环境空气优先污染物的定性和半定量应急测定，以及 CH_4、C_3H_8、SO_2、CO、NO、$N(CH_3)_3$（三甲胺）等的定量应急测定。环境空气优先污染物是环境空气有毒污染物中因出现频率高、潜在危害大而需要优先监测和控制的污染物。

便携式红外法测定污染物的原理为：分子振动时具有各自的固有频率，当用连续波长的红外光对分子进行照射时，若特定波长红外光的频率与分子固有振动频率相同，则这部分红外光被相应的分子吸收，如将红外光予以色散后按照波数依次进行排列，并对不同波数处的红外光吸收强度进行测定就能得到待测污染物的红外吸收光谱。样品红外吸收光谱形成后，通过光谱仪自动搜索到谱图库中的标准物质红外吸收光谱并将其与样品红外谱图进行自动比对,根据比对结果的拟合度高低,对谱图进一步进行人工比对,从而获得定性结果;以定性结果为基础,再用单点法计算待测组分的浓度。

当环境空气具有较高的含尘量或湿度时,测定结果受到的干扰较大。当环境空气具有较高含尘量时,应在采样管之前安装过滤头;湿度大于 85% 时,不宜采样。此外,环境空气中水和 CO_2 的存在也会对污染物的分析产生一定干扰,因此在分析过程中应尽可能排除水和 CO_2 的干扰。便携式红外法定性及半定量测定的化合物种类如表 3.2 所示,定量测定化合物的最低检出限、最佳检测范围及检测上限如表 3.3 所示。

表 3.2 便携式红外法定性及半定量测定的化合物种类

序号	化合物	序号	化合物
1	二氧化碳	38	甲醛
2	一氧化碳	39	乙醛
3	一氧化二氮	40	丙醛
4	一氧化氮	41	丙烯醛
5	二氧化氮	42	丙酮
6	二氧化硫	43	甲基乙基甲酮
7	硫氧化碳	44	甲醇
8	氨气	45	乙醇
9	氯化氢	46	丙醇
10	氢氰酸	47	异丙醇
11	氢氟酸	48	丁醇
12	甲烷	49	苯酚
13	乙烷	50	乙醚
14	丙烷	51	甲基乙酸
15	丁烷	52	甲基异丁甲酮
16	戊烷	53	甲基硫醇
17	己烷	54	乙硫醇
18	庚烷	55	甲硫醚

续表

序号	化合物	序号	化合物
19	辛烷	56	二甲基二硫醚
20	乙炔	57	甲胺
21	乙烯	58	二甲胺
22	丙烯	59	二乙胺
23	1-丁烯	60	三乙胺
24	1,3-丁二烯	61	乙腈
25	环己烷	62	丙烯腈
26	苯	63	硝基甲烷
27	苯乙烯	64	一氯甲烷
28	甲苯	65	二氯甲烷
29	乙苯	66	氯仿
30	间二甲苯	67	氯乙烷
31	邻二甲苯	68	1,1-二氯乙烷
32	对二甲苯	69	1,2-二氯乙烷
33	1,2,3-三甲苯	70	1,1-二氯乙烯
34	1,2,4-三甲苯	71	三氯乙烯
35	1,3,5-三甲苯	72	四氯乙烯
36	甲酸	73	光气/碳酰氯
37	乙酸	74	六氟化硫

表 3.3　定量测定的最低检出限、最佳检测范围及检测上限

单位：mg/m³

项目	甲烷	丙烷	二氧化硫	一氧化碳	一氧化氮	三甲胺
最低检出限	1.0	1.0	2.5	3.0	3.0	1.0
最佳检测范围	5～35	5～100	10～120	10～100	10～60	5～130
检测上限	70	100	140	350	120	250

3.2.8.2　便携式气相色谱法在苯、甲苯和二甲苯应急监测中的应用

便携式气相色谱法在应急监测中测定苯、甲苯和二甲苯的原理如下：当

载气和含有被测物质的样品空气经过电离室时,受到紫外线灯照射,被测物质的分子(R)吸收光子能量(hυ)后发生光电离,产生电子和阳离子。此时对光离子化检测器施加一定电压以产生微电流,微电流被放大后对其进行测量并产生被测组分的色谱图。被测组分分子吸收光子的反应如下:

$$R + h\upsilon \longrightarrow R^+ + e^-$$

样品定性分析的依据是不同组分具有不同的保留时间:苯为 166 s,甲苯为 269 s,对二甲苯为 458 s,邻二甲苯为 584 s。样品的定量分析则是由工作站根据色谱图自动积分计算得到待测物浓度。

以 5 倍噪声作为便携式气相色谱法的最低检出限:苯为 8.0×10^{-9} mol/mol,甲苯为 6.0×10^{-9} mol/mol,对二甲苯、间二甲苯为 8.0×10^{-9} mol/mol,邻二甲苯为 7.0×10^{-9} mol/mol。

3.2.8.3　传感器法测定常见气体

传感器法适用于对环境空气中的 NO_2、NO、SO_2、光气、可燃性气体、磷化氢(PH_3)、氰氢酸(HCN)以及 O_2 含量进行应急监测。

电化学式气体传感器测定常见气体的原理是利用被测气体发生电化学反应将浓度信号转化为电信号从而确定其含量。这类传感器种类繁多,其中检测有毒气体应用最多的是定电位电解式气体传感器。定电位电解式气体传感器的组成主要包括电解槽、电解液和电极三部分,共有三个电极:敏感电极、参比电极和对电极,分别用 S、R、C 表示。

传感器的工作过程为:参比电极的作用是为工作电极提供恒定的电化学电位,因此不暴露于空气样品中且不发生反应;空气样品通过渗透膜由进气孔扩散至电解槽的敏感电极表面,并在敏感电极、电解液、对电极之间发生氧化反应,产生对应的极限扩散电流。在一定范围内,极限扩散电流与空气中被测组分浓度呈正相关,表达式如下:

$$i = \frac{Z \times F \times S \times D}{\delta} \times c \tag{3.6}$$

式中，i——极限扩散电流；

　　　Z——电子转移数；

　　　F——法拉第常数；

　　　S——气体扩散面积；

　　　D——扩散常数；

　　　δ——扩散层厚度；

　　　c——被测气体浓度。

在一定工作条件下，Z、F、S、D 和 δ 均为常数。空气中被测气体最低检出限、最佳检测范围上限及最高检测值如表 3.4 所示。

表 3.4　空气中被测气体最低检出限、最佳检测范围上限及最高检测值

单位：mg/m^3

物质名称	最低检出限	最佳检测范围上限	最高检测值
NO_2	0.2	61.5	307
NO	1.3	250	1340
SO_2	0.1	20	150
光气	0.221		1.0
可燃性气体	1% LEL		100% LEL
PH_3	0.05		1.0
HCN	0.3		30
O_2（百分比）	0.1%		30%

注：LEL 表示可燃性气体爆炸浓度下限。

3.3　大气污染源分析技术及其发展趋势

3.3.1　大气污染源分析技术

对大气污染物组分进行来源分析研究可为大气污染防治工作提供技术

支撑和数据基础。然而由于污染源种类繁多,污染源排放特征多变,并且某些组分可能还存在未知源,因此大气污染物的来源分析是一项十分复杂且工作量庞大的工作。目前针对城市和区域尺度的大气污染物来源分析通常主要采用以下方法:源清单、扩散模型和受体模型。

(1)源清单。采用源清单方法的基础是已进行排放源调查和污染源排放因子已确定。该方法通过统计不同排放源的活动水平数据和测定不同排放源的排放因子来估算污染物总排放量,并分析不同污染源对总排放量的贡献率。

利用排放因子法建立污染源排放清单的计算公式如下:

$$\text{EM}(i,j,k,l) = \text{EF}(j,k,l)\,\text{AC}(i,j,k) \tag{3.7}$$

式中,i——地理范围或网格;

j——排放过程;

k——排放时间;

l——排放物种;

EM——排放量;

AC——行为方式的活动水平;

EF——与行为方式相关的排放因子。

以机动车排放为例:驾驶以汽油为燃料的小汽车是一种行为方式,其活动水平的表现就是网格内小汽车的总行驶里程;汽车尾气排放是一种排放过程,汽油蒸发是另一种排放过程;不同 VOCs 有不同的排放因子,该排放因子会随汽车行驶速度或气温的变化而发生变化;因此最终的 VOCs 排放量与 i、j、k 都有关。

我国目前已出台了《大气细颗粒物一次源排放清单编制技术指南(试行)》《大气可吸入颗粒物一次源排放清单编制技术指南(试行)》《大气挥发性有机物源排放清单编制技术指南(试行)》《大气氨源排放清单编制技术指南(试行)》《扬尘源颗粒物排放清单编制技术指南(试行)》《道路机动车大气污

染物排放清单编制技术指南（试行）》《非道路移动源大气污染物排放清单编制技术指南（试行）》《生物质燃烧源大气污染物排放清单编制技术指南（试行）》等一系列源排放清单编制技术指南，对各类污染物及部分污染源排放清单的计算进行了详细介绍。

源清单法是一种自下而上的污染物来源分析方法，虽然从概念上来说该方法简单易懂，但在实际操作过程中有代表性或本地化的排放因子和活动水平统计量都不易获得，因此这种自下而上的方法存在很大的不确定性。

（2）扩散模型。大气扩散模型是用于模拟大气污染物扩散迁移状况的数学模型，种类很多且有不同的分类方式：按模型理论的不同可以分为统计理论模型、K 理论模型和相似理论模型；按照模拟的时间尺度差异可以分为短期平均浓度模型和长期平均浓度模型；按污染源类型的不同可以分为点源、线源、面源、体源、多源或复合源模型等。虽然大气扩散模型种类很多，但对于实际应用来说，使用最多的大气扩散模型为高斯模型或其变型。

美国、英国等西方国家已经开发并建立起了较为完善的大气扩散模型体系，所使用的模型考虑了污染物衰变效应、建筑物动力尾流效应、沉降以及特殊气象和地形条件等多种复杂的影响因素，可用于模拟工业园区、道路、城市乃至复杂环境条件下大气污染物浓度时空分布特点及污染源排放对环境的影响。美国国家环境保护局推荐的工业复合源大气扩散（ISC）模型和非稳态烟团扩散（CALPUFF）模型等模型是目前比较有代表性的大气扩散模型。

（3）受体模型。受体模型是大气污染源分析的一种重要研究手段。受体模型的基本假设是污染物从污染源排出后，在大气中经扩散混合分布比较均匀，受体中的污染物与污染源的污染物呈质量平衡关系。受体模型通过分析受体和污染源大气污染物的物理化学特性来判断污染物的主要来源，并确定不同污染源对受体的贡献率。受体模型无需依赖污染源清单和气象资料，主要以污染源排放的化学成分谱及排放特征和受体大气的物理化学特征为计算依据，能有效判断对受体大气环境造成影响的主要污染源类型，从而避免遗漏重要的污染源类型。受体模型是一种典型的以环境污染物浓度水平为依据的自上而下的源分析方法。

受体模型也可称为化学质量平衡(CMB)模型,是世界上最具代表性的模型之一,美国国家环境保护局于 1998 年规定 CMB 模型为大气污染防治的法定方法,并在全美进行推广使用,许多其他国家也常在大气污染防治工作中用到此模型。经过多年的发展和应用,该模型已形成一套包括最初概念模型的建立到最终多模型互相验证的较完善的方法体系。

在受体模型发展的同时,因子分析方法也得到了快速发展,成为源分析的重要手段之一。因子分析方法的主要优点是:①无需提前假设污染源的构成和数量;②无需考虑污染物在排放源和受体之间发生的化学变化;③运用该方法时不仅可以采用浓度参数,还可以采用非浓度参数,以提供更多信息来识别污染源。但是,因子分析方法的分析结果仍然依赖于人们对源排放污染物化学特征的了解;此外,分析结果的不唯一性是因子分析方法在使用过程中遇到的主要问题。

受体模型最开始应用于城区尺度的源分析研究,主要用来分析局地污染源对大气颗粒物的贡献问题。20 世纪 80 年代,为了有效识别酸沉降源和降低能见度的源,很多研究把受体模型的应用延伸到了区域尺度甚至全球尺度。

3.3.2 大气污染源分析技术的发展趋势

近年来环境管理工作对大气污染源研究的需求剧增,推动了大气污染源分析技术的快速发展和完善。近些年大气污染源分析技术中发展势头正猛的方向主要有以下几个:

(1)扩散模型和受体模型联用。目前,环境管理和大气污染控制正往精细化的方向发展,这就要求对大气污染物的来源进行更加精细化的分析,因此扩散模型和受体模型的联合使用,成为大气污染物源分析技术发展的重要方向之一。一方面,受体模型无法计算成分谱相似的某些特定污染源的贡献率,而结合扩散模型则可以解决这一问题,从而使得大气环境污染鉴定评估和防治方案的制定更具针对性;另一方面,受体模型具有不依赖于气象资料、污染源详细资料以及大气中气溶胶许多特性参数的优点,能解决某些扩散模型难以处理的问题。

(2)有机物示踪 CMB 模型。示踪物是一类污染源排放的特征物质,相当于污染源的特征化学指纹,在确定各类污染源的过程中发挥着关键作用。有机物是大气颗粒物和 VOCs 的重要组分,种类繁多,来源丰富,其分子组成对污染源特征具有很强的指示性,是作为污染源示踪物的最佳选择。当一些污染源排放的污染物中无机特征物发生改变或失去示踪功能时,有机示踪化合物对污染源的示踪作用就变得更加重要。例如,惹烯对于以树木为主的生物质燃烧、左旋葡聚糖对于生物质燃烧、藿烷和甾烷对于机动车排放情况具有很好的示踪作用。

(3)单颗粒分析技术与同位素示踪技术。单颗粒分析技术和同位素示踪技术也是识别污染物来源的重要手段。通过观测单颗粒的形态、化学成分等性质,可以判定不同污染源颗粒物的指纹特征,并利用模型或多元统计方法判别和分析污染物来源。同位素示踪技术中较早发展起来的是碳同位素示踪法,如 ^{14}C 的衰变特性可用于区分燃烧源中的化石燃料和非化石燃料。

(4)反向模式技术。反向模式结合了传统的大气化学传输模式和受体模式,将空气质量观测数据的约束引入其中,采用一定的数值计算方法,对包括污染源在内的输入数据和参数调整因子进行计算,使得在利用调整后的参数进行模拟时,对污染物浓度的模拟结果与观测结果的吻合度得以提高。实际上,反向模拟技术对污染源等输入数据进行了调整,减小了这些数据的不确定性,从而更准确地模拟和明确污染源与受体的响应关系。

3.4 大气污染物的治理技术

3.4.1 颗粒物去除技术

用于去除废气中颗粒物的装置主要是除尘装置(也称为除尘器)。除尘器是指将固态或液态微粒从气体中去除或捕集的设备。按照除尘机理分类,目前常用的除尘器主要有机械除尘器、电除尘器、袋式除尘器和湿式除尘器等类型。为了提高对微粒的去除率,近年来陆续出现了综合两种及以上除尘机理的新型除尘器,如荷电袋式过滤器、荷电液滴洗涤器、通量力/冷凝洗涤器、高梯度磁分离器等。

3.4.1.1 机械除尘器

机械除尘器通常指在重力、惯性力或离心力等质量力的作用下从气流中分离颗粒物的除尘装置,主要类型有重力沉降室、惯性除尘器和旋风除尘器等。

重力沉降室除尘时从气流中分离尘粒的作用力是重力(见图3.19)。当含有尘粒的废气进入重力沉降室后,气流通过的横截面面积增加,流速减小,在重力作用下,质量较大的颗粒物缓慢沉降到灰斗中。根据设计模式不同,重力沉降室可分为层流式和湍流式两种。重力沉降室的主要优点是结构简单、成本低、运行过程中压力损失小、易于维修和管理;缺点是体积大、除尘效率低。因此重力沉降室一般作为预除尘装置,用于除去较大和较重的尘粒。

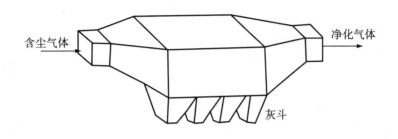

图 3.19　重力沉降室结构示意图

　　惯性除尘器的除尘机理如下:含尘气流进入沉降室后冲击到各种形式的挡板上,在冲击力作用下气流急剧转变方向,在尘粒本身的惯性力作用下,气流中的尘粒得以分离。按结构不同,惯性除尘器可分为冲击式和反转式两种(见图 3.20 和图 3.21)。惯性除尘器一般在多级除尘系统中用于第一级除尘,主要捕集粒径在 $10\sim20~\mu m$ 的粗颗粒物,对粒径和密度较大的金属粒子或矿物粉尘的去除率较高。

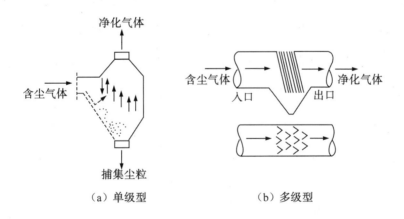

（a）单级型　　　　　　　　　（b）多级型

图 3.20　冲击式惯性除尘器结构及原理示意图

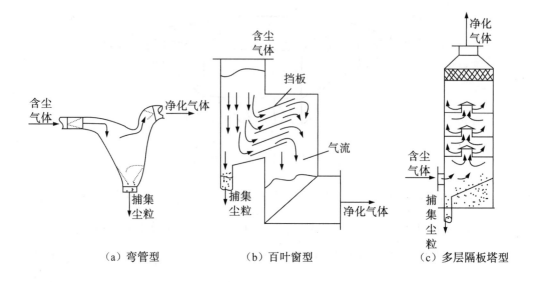

（a）弯管型　　　　　（b）百叶窗型　　　　　（c）多层隔板塔型

图 3.21　反转式惯性除尘器结构及原理示意图

　　旋风除尘器除尘时从气流中分离尘粒的作用力是旋转气流产生的离心力。普通的旋风除尘器主要包括进气管、筒体、锥体和排气管等结构（见图3.22），进入除尘器的含尘气流自上而下沿着外壁做旋转运动，其中一少部分气流在径向上运动到中心位置。大部分气流做旋转运动到达锥体底部，继而绕着轴心旋转向上运动，最后通过排气管排出。向下做旋转运动的气流为外圈气流，通常称之为外涡旋，向上旋转运动的气流位于中心，被称为内涡旋，外涡旋和内涡旋的旋转排气管方向一致。含尘气流在锥体中做旋转运动时，气流中的尘粒受到离心力的作用逐渐向外壁移动，尘粒到达外壁后，在重力和气流的共同作用下落到灰斗中，从而实现分离。除尘器顶部压力在气流向下高速的旋转过程中不断下降，一部分细小尘粒被气流裹挟着沿筒壁向上做旋转运动到达顶部，之后再沿排气管外壁向下旋转，最后在排气管底端附近被向上的内涡旋携带着经由排气管排出。旋风除尘器对于粒径小于 5 μm 的颗粒物去除效率低，因而必须借助其他类型的力（电场力等）捕集细小粒子。

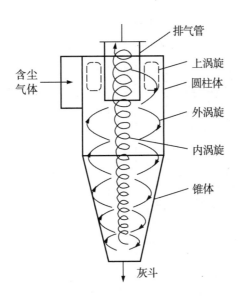

图 3.22　旋风除尘器结构及原理示意图

3.4.1.2　电除尘器

电除尘器的除尘原理如下:利用高压电场使通过其中的含尘气体发生电离并使尘粒带电,在电场力作用下,带电尘粒在集尘极上沉积,从而从含尘气体中分离出来。与其他除尘过程不同,电除尘过程中将尘粒从气流中分离的作用力(主要是电离力)直接作用于粒子而非整个含尘气流,因而电除尘器具有气流阻力小、分离耗能低的优点。电除尘器作用于粒子的电离力一般相对较大,因此能有效捕集和去除亚微米级的细小粒子。电除尘器主要包括以下三个基本工作过程:使悬浮粒子荷电、带电粒子在电场内发生迁移并被捕集、被捕集粒子从集尘极清除。

电除尘器的主要优点有:压力损失小,一般为 $200\sim500$ Pa;处理含尘气体量大,为 $10^5\sim10^6$ m³/h;能耗低,为 $0.2\sim0.4$ kW·h/(1000 m³);对细小粒子去除率可高于 99%;可在高温或强腐蚀性气体环境下操作;可实现微机控制和远距离操作。电除尘器是用于捕集和去除细粉尘的主要除尘装置之一。图 3.23 为一种电除尘器的结构示意图。

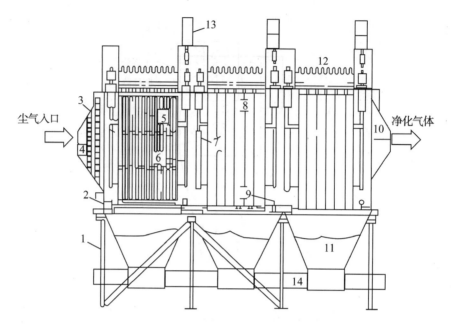

1—设备支架;2—壳体;3—过风口;4—分均口;5—放电极;6—放电极振打装置;7—放电极悬挂框架;8—沉淀极;9—沉淀极振打及传动装置;10—出气口;11—灰斗;12—防雨板;13—放电极振打及传动装置;14—清灰拉链机。

图 3.23　一种电除尘器的结构示意图

电除尘器的主要缺点是:钢材用量大,一次性投入成本高;占地面积较大;粉尘比电阻等物理性质对除尘效率影响较大;不宜直接用于高浓度含尘气体的处理;对制造和安装质量要求很高;需安装高压变电及整流控制设备。

电除尘器种类繁多,分类方式也多样:按集尘电极类型的不同,可分为管式和板式;按含尘气体流动方式的差异,可分为立式和卧式;按除尘器内电极空间布置的不同,可分为单区和双区;按清灰方式的不同,可分为干式和湿式。

3.4.1.3　袋式除尘器

袋式除尘器是一种过滤式除尘器,通过过滤材料对含尘气流中的粉尘进行分离捕集。袋式除尘器一般采用纤维织物作为过滤材料,除尘效率一般可高于 99%,具有操作简单、性能稳定等优点,因此是工业尾气除尘方面应用广泛的除尘方式之一。袋式除尘器的工作原理如下:含尘气流从底部进入并通过滤袋中的滤料孔隙,粉尘被滤料截留捕集,从而沉积于滤料表面,随后在机械振动的作用下粉尘从滤料表面脱离,最后落到灰斗中。图 3.24 是两种不同清灰形式的袋式除尘器结构及工作原理示意图。

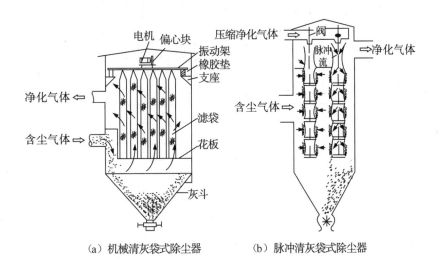

（a）机械清灰袋式除尘器　　　　（b）脉冲清灰袋式除尘器

图 3.24　两种不同清灰形式的袋式除尘器结构及工作原理示意图

袋式除尘器的优点主要有:①对含微米或亚微米级颗粒物的气体除尘效率较高,通常可以达到 99% 甚至 99.9%;②对于各种干式粉尘,尤其是高比电阻粉尘,袋式除尘器的除尘效率远高于电除尘器;③在一个较大范围内,气体中粉尘浓度变化对袋式除尘器的阻力及净化效率影响较小;④对各种不同气量的含尘气体适应性较强,处理量范围较广($1 \sim 10^6$ m^3/h);⑤袋式除尘器可以小型化,也可用于车内除尘,在分散尘源除尘方面适用性很强;⑥性能稳定,操作和维护简单,无需担心污泥处理问题。

袋式除尘器的主要缺点如下:其应用受滤料耐温性和耐腐蚀性等影响较大;对于含黏结成分和吸湿性强的含尘气体适用性较差等。

电袋除尘器是一种新型高效除尘器,结合了电除尘和袋式除尘两种技术,除尘效率高,通常可达 99.9% 以上。电袋除尘器种类较多,目前主要有串联式和混合式两种类型的电袋除尘器在工业领域获得了广泛应用。图 3.25 为串联式电袋除尘器的结构简图。

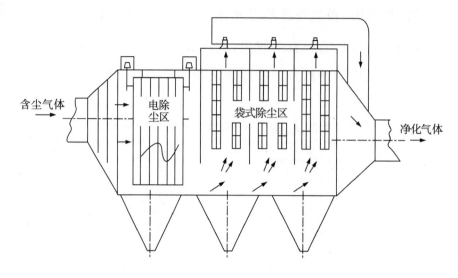

图 3.25　串联式电袋除尘器结构简图

3.4.1.4　湿式除尘器

湿式除尘器除尘原理如下:使含尘气体充分接触液体(一般为水),在尘粒和水滴惯性碰撞和其他作用力的作用下将尘粒进行捕集或使尘粒聚集增大粒径,从而达到除尘目的。湿式除尘器对直径为 $0.1 \sim 20~\mu m$ 的液态或固态粒子去除效率极佳,对气态污染物也有较好的除尘能力。用于工程上的湿式除尘器大致分为低能和高能两大类,两者压力损失和净化效率均有不同。低能和高能湿式除尘器的压力损失分别为 $0.2 \sim 1.5~kPa$ 和 $2.5 \sim 9.0~kPa$;高能湿式除尘器净化效率比低能湿式除尘器高,可达 99.5% 或更高,低能湿式除尘器主要用于去除直径在 $10~\mu m$ 以上的粉尘,净化效率为 $90\% \sim 95\%$。

根据除尘机理,湿式除尘器大致可分为以下七类:旋风洗涤器、重力喷雾洗涤器(喷雾塔洗涤器)、填料洗涤器、自激喷雾洗涤器、文丘里洗涤器、板式洗涤器、机械诱导喷雾洗涤器。图 3.26 展示了三种比较常见的湿式除尘器的结构示意图。

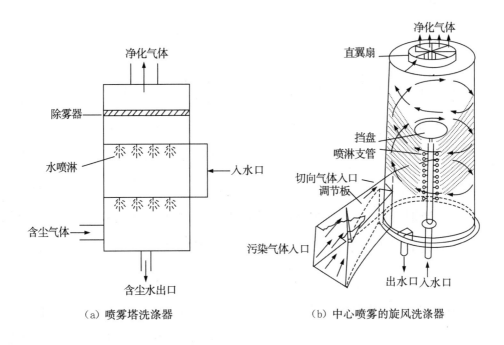

（a）喷雾塔洗涤器　　　（b）中心喷雾的旋风洗涤器

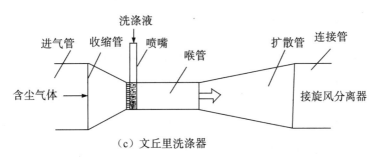

（c）文丘里洗涤器

图 3.26　三种较为常见的湿式除尘器结构示意图

湿式除尘器主要有以下优点：①除尘效率在相同能耗条件下高于干式机械除尘器，尤其是高能耗湿式除尘器对于 0.1 μm 以下尘粒去除效率仍很高；②除尘效率可媲美静电除尘器和布袋除尘器，且能在它们不适用的条件下使用，如可用于处理高温、高湿含尘气体，高比电阻粉尘，易燃易爆含尘气体等；③既可去除尘粒，也可去除含尘气体中的部分气态污染物及水蒸气，起到除尘、冷却、净化多重效用。

湿式除尘器的主要缺点有：能耗较大；排出的污水、污泥需进行处理；对于含有憎水性和水硬性粉尘的气体不适用；用于寒冷地区时容易出现结冻情况,需加强防冻工作。

3.4.1.5　除尘器的选择

除尘器的选择必须综合考虑除尘效率、压力损失、一次投资、维修管理等相关因素,其中以除尘效率最为重要。以下问题要特别引起注意。

(1)除尘器的除尘效果必须达到排放标准所规定的排放要求。对于工作状态不稳定的除尘器,要考虑处理的烟气量改变对压力损失和除尘效率产生的影响。如当烟气处理量增加时,旋风除尘器的压力损失和除尘效率随之增加。但大多数情况下,烟气处理量的增加会降低除尘器(如电除尘器)的除尘效率。

(2)除尘器的性能往往受粉尘颗粒物理性质的影响较大。例如,粉尘黏性大时不宜使用干式除尘器,因为粉尘易在除尘器表面黏结;电除尘器不适用于去除电阻率太大或太小的粉尘;湿式除尘器对憎水性或水硬性粉尘除尘效果不佳。此外,由于除尘器的除尘效率与颗粒物粒径大小有关,因此选择除尘器时还应考虑待处理粉尘颗粒物的粒径分布,根据颗粒物去除要求和除尘器除尘的分级效率选择合适的除尘器。

(3)考虑气体的含尘浓度。在处理含尘浓度较高的气体时,应先利用预处理设备去除粗大颗粒物,再采用袋式或静电除尘器进行除尘,以提高除尘效率。

(4)选择除尘器时还应考虑待处理气体的温度和其他性质。比如,袋式除尘器一般不适用于处理高温、高湿气体;当含尘气体组分包括 SO_2、NO 等气态污染物时,可采用湿式除尘器进行处理,但必须重视防腐问题。

(5)选择除尘器时须考虑所收集粉尘的后续处理问题。部分企业采用水力输灰,或配备泥浆废水处理系统,此种条件下可选择湿式除尘器,将除尘系统产生的泥浆和废水输送到原有泥浆废水处理系统进行后续处理。

(6)除以上因素外,还应考虑设备的安装位置、空间可利用性、环境状况、设备一次投入(安装等)和操作维修费用等因素。值得注意的是,所有除尘设备的一次投入都只占总投入的一部分,因此不能仅以一次投入作为除尘设备的选择标准,而是应将包括安装费、能源成本、维修费及装置杂项开支等在内的其他费用均纳入考虑范围。

3.4.2　烟气中 SO_2 的脱除技术

硫酸厂、冶炼厂和造纸厂等工业企业排放的尾气中通常含有 $2\%\sim40\%$ 的 SO_2,属于高浓度 SO_2 尾气。对尾气中的 SO_2 进行回收处理是经济可行的,通常采用回收利用的方式对高浓度 SO_2 尾气进行处理,即将废气中的 SO_2 回收后用于生产硫酸。煤炭和石油等化石燃料燃烧排放的废气中 SO_2 浓度一般相对较低,不适用于生产硫酸,因此需采取一定的脱硫措施处理该类含 SO_2 烟气。

烟气脱硫技术主要包括:石灰石/石灰法湿法脱硫、喷雾干燥法脱硫、氧化镁湿法脱硫、海水脱硫、湿式氨法脱硫及干法脱硫。

3.4.2.1　石灰石/石灰法湿法脱硫技术

石灰石/石灰法湿法脱硫技术是利用石灰石或者石灰浆液将 SO_2 从烟气中去除的技术。这是一种开发较早的脱硫技术,工艺成熟,采用廉价吸收剂,目前应用得比较广泛。

传统意义上石灰石/石灰法湿法脱硫技术的工艺流程(见图 3.27)如下:先对含 SO_2 的烟气进行除尘和冷却处理,再将其输送至含有配制好的石灰石或石灰浆液的吸收塔中进行洗涤净化处理,净化后的烟气进行除雾和再热处理后经排气筒排放到大气中。吸收塔内的吸收液排出后一方面可流入循环槽进行再生处理(在吸收液中加入新鲜石灰石或石灰浆液即可),另一方面可以进行脱水处理后生成石膏。湿法烟气脱硫系统的核心装置是吸收塔,需要具备以下特点:吸收液持有量要大,烟气和吸收液两相的相对速度要大,气液接触面积要大,装置内部的零件要尽量少,处理过程中压力降要小等。目前湿法脱硫工艺中应用比较多的吸收塔类型主要有喷淋塔、填料塔、喷射鼓泡塔和道尔顿型塔,其中主流塔型是喷淋塔。为了提高 SO_2 的脱除效率,加强石灰石/石灰法的可靠性和经济性,人们以传统石灰石/石灰法湿法烟气脱硫技术为基础,发展了加入己二酸或硫酸镁的石灰石湿法脱硫技术和双碱法脱硫技术等新型石灰石法脱硫工艺。

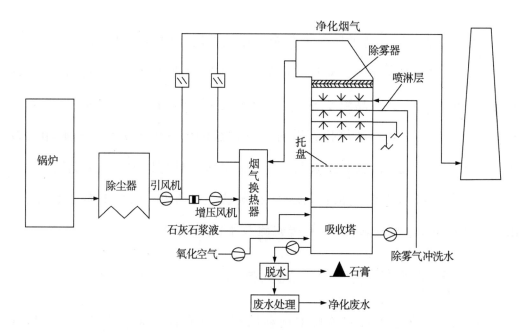

图 3.27　石灰石/石灰法湿法脱硫技术的工艺流程图

3.4.2.2　喷雾干燥法脱硫技术

喷雾干燥法脱硫技术是一种半干法脱硫技术,诞生于 20 世纪 80 年代。这种技术主要包括制备吸收剂、吸收与干燥、捕集固体废物以及处置固体废物四个主要工艺过程。

喷雾干燥法的关键过程是吸收与干燥:将 120～160 ℃的烟气由顶部送入喷雾干燥塔,与此同时,制备好的石灰乳通过顶部高速旋转的喷嘴喷射成直径小于 100 μm 的雾滴;烟气进入喷雾干燥塔后与这些分散的石灰乳雾滴充分接触,一方面烟气中的 SO_2 与石灰乳雾滴发生化学反应生成亚硫酸钙、硫酸钙等物质;另一方面烟气与石灰乳雾滴发生热交换,迅速蒸发掉大部分水分,最终形成水分含量较小的固体废物,固体废物中含有亚硫酸钙、硫酸钙、飞灰和未反应的氧化钙等物质。图 3.28 为喷雾干燥法脱硫技术工艺流程示意图。

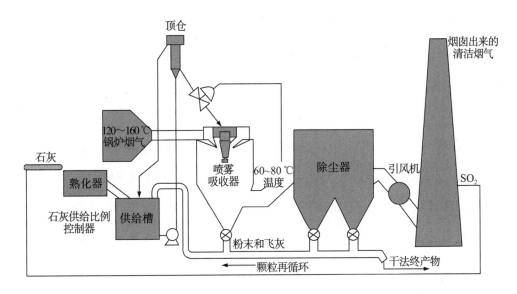

图 3.28　喷雾干燥法脱硫技术工艺流程示意图

喷雾干燥塔、气流分布装置和雾化器是喷雾干燥法脱硫系统中最主要的装置。喷雾干燥塔的主要作用是使烟气与石灰乳雾滴有充分的接触时间,从而最大限度地去除 SO_2,且使形成的固体颗粒得到充分干燥,大多数喷雾干燥塔脱硫的时间为 10～12 s。气流分布装置和雾化器的作用是使烟气和石灰乳雾滴得到充分混合,以利于烟气与雾滴间的化学反应和热量传递。在采用喷雾干燥法进行烟气脱硫时,喷雾干燥塔中的雾滴要尽量小,从而提供足够大的表面积用于充分吸收烟气中的 SO_2;但雾滴也不宜太小,避免出现雾滴在充分吸收 SO_2 前就完全干化的情况。

3.4.2.3　氧化镁湿法脱硫技术

氧化镁湿法脱硫技术主要分为再生法、抛弃法和氧化回收法三种,其主要优点是脱硫效率高(在 90% 以上)、可对硫进行回收、不产生固体废物等。

氧化镁湿法脱硫技术的代表性工艺是再生法。再生法的基本原理如下：采用含氧化镁的浆液对废气中的 SO_2 进行吸收，产物大部分为含水的亚硫酸镁，少量为硫酸镁；将产物送至流化床进行加热处理，在 870 ℃ 左右高温条件下，产生再生的氧化镁和高浓度的 SO_2 气体，其中高浓度 SO_2 气体可回收用于制酸，再生的氧化镁可进行循环利用。再生法整个工艺流程可分为废气中 SO_2 吸收、固体产物分离和干燥、氧化镁再生三个关键工序。用于吸收 SO_2 的装置通常为喷淋塔，吸收液的雾化依靠高速气体完成。

抛弃法又叫氢氧化镁法，工艺流程及原理与再生法类似，两者的不同之处如下：在再生法工艺中，为了达到脱硫产物的煅烧分解温度下降的目的，需避免脱硫吸收液被氧化；而抛弃法则必须增加强制氧化处理工序，从而将亚硫酸镁全部或大部分氧化成硫酸镁。强制氧化处理一方面可使吸收浆液中的固体大大减少，有利于防垢；另一方面也降低了脱硫液的化学需氧量，从而达到外排的要求。

氧化回收法脱硫工艺与抛弃法相似，两种工艺都充分利用了亚硫酸镁容易被氧化以及硫酸镁易溶于水的特征，并将脱硫产物强制氧化成硫酸镁，形成高浓度硫酸镁溶液。但是氧化回收法会对强制氧化形成的高浓度硫酸镁溶液进行进一步处理，即先过滤去除杂质，再浓缩结晶产生七水合硫酸镁，然后进行回收。氧化回收法工艺主体主要包括脱硫系统和硫酸镁回收系统两部分。

3.4.2.4　海水脱硫技术

海水脱硫技术是一种新型烟气脱硫技术，近些年发展很快，主要用于燃煤电厂烟气脱硫。以是否添加其他化学吸收剂为依据，海水脱硫技术可分为两大类：①不添加其他化学吸收剂，只以纯海水作为吸收剂进行海水脱硫，其中以瑞士阿西布朗勃法瑞公司（ABB）开发的 Flakt-Hydro 海水脱硫技术最具代表性，在较多工业企业中得到了应用。②以海水为吸收液，添加一定量石灰调节碱度的工艺，美国柏克德（Bechtel）公司的海水脱硫工艺为其代表性工艺。

Flakt-Hydro 海水脱硫工艺主体主要由烟气系统、海水供排系统和海水恢复系统三部分组成。烟气先进行除尘和冷却处理,再从吸收塔底部进入塔内自下而上运动,与由塔顶自上均匀喷洒而下的纯海水充分接触,海水吸收烟气中的 SO_2 并产生亚硫酸根离子。经海水处理后的烟气在气-气换热器内进行升温,再由烟囱排放到大气中。海水恢复系统的主体结构是曝气池,主要作用是使吸收塔排出的酸性海水和来自凝汽器的碱性海水混合均匀,在曝气池鼓入的压缩空气的作用下,将混合海水中的亚硫酸盐氧化成无害的硫酸盐,并释放出 CO_2,与此同时混合海水的 pH 回升至 6.5 以上,达标后排放到大海中。

　　Bechtel 公司的海水脱硫工艺的关键环节是在再生器的海水中添加新鲜石灰浆液并使两者充分混合(见图 3.29)。其中天然海水中的镁含量约为 1300 mg/L,其主要存在形式为硫酸镁和氯化镁,石灰浆液与海水中的镁发生反应生成氢氧化镁,对烟气中 SO_2 的吸收作用大大增强。采用海水脱硫法对烟气进行脱硫处理时应特别注意规避对海洋环境的二次污染问题。

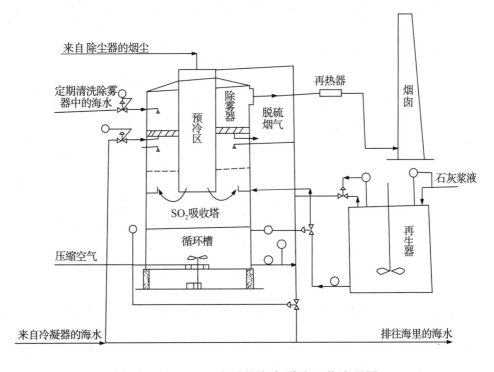

图 3.29　Bechtel 公司的海水脱硫工艺流程图

3.4.2.5　湿式氨法脱硫技术

湿式氨法脱硫技术采用一定浓度的氨水吸收烟气中的 SO_2，该技术的脱硫效率为 90%～99%，最终副产物为硫酸铵，可作为化肥用于农业生产。湿式氨法脱硫工艺的主要流程为 SO_2 吸收及吸收液处理两大工序。以传统氨法脱硫技术为基础，我国自主研发了新型氨法脱硫工艺（NADS）。但由于氨法脱硫工艺流程较为复杂且运行成本相对较高，因此该工艺还未得到广泛应用。

NADS 的工艺流程（见图 3.30）如下：含 SO_2 的烟气先经电除尘器进行除尘处理（烟气温度为 140～160 ℃），再进入再热器回收热量，此时烟气温度降低到 100～120 ℃；随后烟气由水喷淋冷却至 80 ℃以下，再进入吸收塔，在吸收塔中对烟气中的 SO_2 进行吸收处理。吸收塔内温度控制在 50 ℃左右，对 SO_2 的吸收率达 95%以上，吸收塔排出烟气中的 NH_3 浓度低于 20×10^{-6}。经吸收处理后的烟气再次进入再热器并升温到 70 ℃以上，最后经由烟囱排放到大气中。NADS 工艺中吸收塔采用多级循环吸收的方式，级数通常为 5 级。

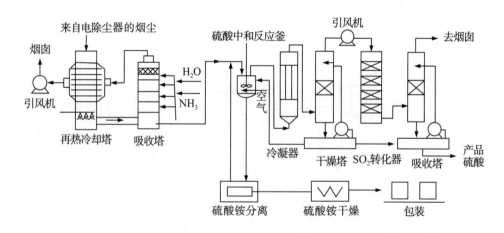

图 3.30　NADS 工艺流程图

NADS 工艺中对脱硫产物的处理流程如下：吸收 SO_2 后得到的亚硫酸铵溶液先经过一道分离工序去除其中的灰尘，再送入硫酸中和反应釜中进行氧化反应，得到终产物硫酸铵溶液，并释放出高浓度 SO_2 气体。其中硫酸铵溶液在经过蒸发结晶、干燥包装处理后得到硫酸铵化肥商品。而高浓度 SO_2 气体则用于生产硫酸(质量分数为 98%),70%～80% 的硫酸产品将回到硫酸中和反应釜中,其余 20%～30% 则作为商品进行出售。

3.4.2.6　干法脱硫技术

干法脱硫技术主要有以下两类:干法喷钙脱硫技术和循环流化床脱硫技术。

干法喷钙脱硫技术的核心工艺流程是锅炉炉膛内石灰石粉料的喷洒工序,核心装置是锅炉后部的活化反应器。该技术采用石灰石粉料作为固硫剂,其主要工艺流程(见图 3.31)如下:首先,将石灰石粉料喷入锅炉的炉膛,$CaCO_3$ 在炉膛中受热分解生成 CaO 和 CO_2,生成的 CaO 粉末与进入炉膛的烟气充分接触并与烟气中的 SO_2 反应,在除去一部分 SO_2 的同时生成 $CaSO_4$;然后,炉膛中生成的 $CaSO_4$ 和过量的 CaO 以及飞灰全部随烟气一道进入活化反应器;最后,进入活化反应器中未反应的 CaO 在喷水雾增湿的作用下转化为 $Ca(OH)_2$,与烟气中余下的 SO_2 继续发生反应,从而完成烟气脱硫的全过程。

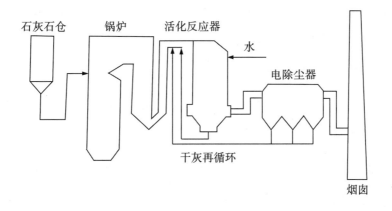

图 3.31　干法喷钙脱硫技术工艺流程图

循环流化床脱硫系统的主要组成部分为以下三个系统:石灰浆制备系统、脱硫反应系统和收尘引风系统(见图 3.32)。该工艺主要有以下两个优点:一是脱硫剂停留反应时间较长,因此反应较充分;二是系统对锅炉负荷的变化具有较强的适应性。

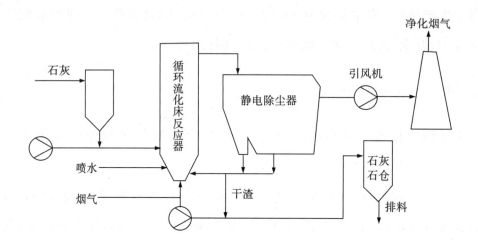

图 3.32　循环流化床烟气脱硫工艺流程图

3.4.2.7　烟气脱硫技术的选择

对各种烟气脱硫技术进行综合比较时应全面考虑以下因素:脱硫效率、脱硫剂钙硫比、脱硫剂来源和利用率、脱硫副产物的后续处理、对原有锅炉系统的影响、对机组运行方式适应性的影响、工艺流程的复杂程度及成熟度、设备占地面积、动力消耗等。

在选择烟气脱硫技术的过程中应主要考虑以下四个原则:

(1)技术成熟、系统运行稳定可靠,至少应能在国外找到商业化先例,并有较为广泛的应用。

(2)需确保脱硫后烟气中的 SO_2 含量达到脱硫要求,系统可升级性能好。

(3)脱硫设施的投资和运行费用适中,如电厂建立的脱硫设施的成本通常应为电厂主体工程总投资的 15% 以下,增加烟气脱硫设施后发电成本增加不高于 0.03 元/(kW·h)。

(4)脱硫剂易得、设备占地面积小、脱硫副产物可进行回收利用或易于进行卫生处理。

3.4.3　烟气中 NO$_x$ 的脱除技术

烟气中 NO$_x$ 的控制可以通过改进燃烧技术实现,有些情况下还需要采用一定的末端治理技术对烟气中的 NO$_x$ 进行脱除,以减少 NO$_x$ 的最终排放量,该技术通常简称为烟气脱硝。烟气脱硝的方法总体分为干法和湿法两大类:干法脱硝技术主要包括选择性催化还原法(SCR)、选择性非催化还原法(SNCR)、干法同时脱硫脱硝除尘工艺(SNRB 联合控制工艺)、固体吸收/再生法、电子束法、脉冲电晕低温等离子体法、SNO$_x$ 工艺等;湿法脱硝技术则主要包括水吸收法、酸/碱吸收法、液相络合吸收法、尿素溶液吸收法等。本节主要对选择性催化还原法、选择性非催化还原法、吸收法和吸附法四种方法进行简要介绍。

3.4.3.1　选择性催化还原法

SCR 的原理为:在一定范围的高温条件下,采用 NH$_3$ 作为还原剂,在合适的催化剂(铁、钒、铬、铜、钴或钼等金属的氧化物)作用下,将烟气中的 NO$_x$ 还原为无害的 N$_2$ 和 H$_2$O。催化剂通常安装在位于省煤器之后或空气预热器之前的单独反应器内。在低负荷状态下,为了保证反应器入口烟气的温度,应使其绕过省煤器的烟气旁路系统。图 3.33 为高粉尘条件下 SCR 系统组成示意图。

催化剂的活性材料一般由贵金属、碱性金属氧化物和/或沸石等组成,通常制作成板式或陶瓷蜂窝状。工业应用结果表明,SCR 系统对 NO$_x$ 的去除率为 60%～90%。SCR 系统设计应考虑的关键因素为系统压力损失和气体在催化转化器内空间速度的选择。

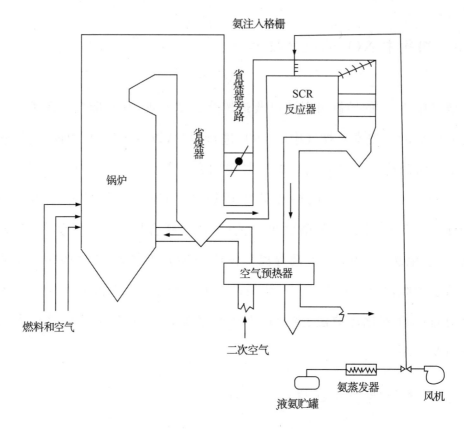

图 3.33　高粉尘条件下 SCR 系统组成示意图

3.4.3.2　选择性非催化还原法

SNCR 采用的还原剂为尿素或氨基化合物,可将烟气中的 NO_x 还原为 N_2。该工艺采用的反应温度较高(930～1090 ℃),因此通常将还原剂注入炉膛或紧靠炉膛出口的烟道中。采用尿素作为还原剂的 SNCR,应选择在炉膛上部注入尿素的水溶液。

工业应用结果表明,SNCR 对 NO_x 的转化率大多较低,仅为 30％～60％。较大的锅炉使用 SNCR 时脱硝率往往较低,原因可能是炉中的反应物难以达到均匀状态。SNCR 的脱硝率还受到锅炉运行负荷的影响,这主要是因为锅炉负荷对烟气温度(即烟气在炉膛停留的时间)有一定影响。

3.4.3.3　吸收法与吸附法

吸收法主要包括用强硫酸吸收和用碱吸收等方式。当采用碱溶液[如NaOH 溶液或 $Mg(OH)_2$ 溶液]作为吸收剂时,必须先向烟气气流中添加NO_2,或将大部分 NO 氧化为 NO_2,以增加烟气中 NO_2 的比例,从而达到完全去除 NO_x 的目的。当 NO 与 NO_2 体积比等于 1 时,吸收效果最佳。将碱溶液吸收脱硫的方法用于电厂脱硫的实践结果表明,碱溶液可以吸收 NO_x。进入洗涤器之前的烟气中约有 10% 的 NO 被氧化为 NO_2,洗涤器可除去总 NO_x的 20% 左右,即对 NO 和 NO_2 按等物质的量进行脱除。

吸附法既可以较完全地去除烟气中的 NO_x,又可以在一定程度上对NO_x 进行回收利用。常用的吸附剂包括活性炭、硅胶、分子筛、含氨泥煤等。

3.4.3.4　烟气同时脱硫脱硝技术

烟气同时脱硫脱硝技术主要包括以下三种类型:第一种是烟气脱硫技术和烟气脱硝技术的组合技术;第二种是利用吸附剂同时脱除 SO_x 和 NO_x;第三种是在现有烟气脱硫(FGD)系统的基础上进行改造升级(如将脱硝剂添加到脱硫液中等),增加系统的脱硝功能。

(1)电子束辐射法烟气同时脱硫脱硝技术。电子束辐射法烟气同时脱硫脱硝技术的主要特点是:采用干法,不产生废水废渣;能同时实现脱硫和脱硝的目的,脱硫率和脱硝率分别可达到 90% 以上和 80% 以上;设备简单,操作便捷,脱除过程易于控制;对于烟气的含硫量和烟气量变化具有比较强的负荷跟踪性和适应性;副产品是硫酸铵和硝酸铵的混合物,可作为化肥进行销售或应用。

电子束辐射法烟气同时脱硫脱硝工艺的一般流程(见图 3.34)如下:经除尘处理后的锅炉烟气进入冷却塔进行冷却处理,即通过喷雾水将烟气冷却到65~70 ℃。在冷却后的烟气进入反应器之前,按化学计量数往反应器内注入

适量 NH_3。烟气进入反应器后在高能电子束照射下,其中的 N_2、O_2 和水蒸气等混合在一起发生辐射反应,生成大量的离子、电子、原子、自由基和各种激发态原子、激发态分子等活性物质,这些活性物质随即将烟气中的 SO_2 和 NO_x 氧化为 SO_3 和 NO_2,SO_2 与 NO_2 继续与水蒸气发生反应形成雾状硫酸和硝酸,这些酸再与反应器内事先注入的 NH_3 发生中和反应,最终生成气溶胶状态的硫酸铵和硝酸铵。气溶胶状态的硫酸铵和硝酸铵最后通过静电除尘器被收集,经脱硫脱硝处理后的烟气通过烟囱排放。副产品硫酸铵和硝酸铵混合物经造粒处理后可作为化肥销售。

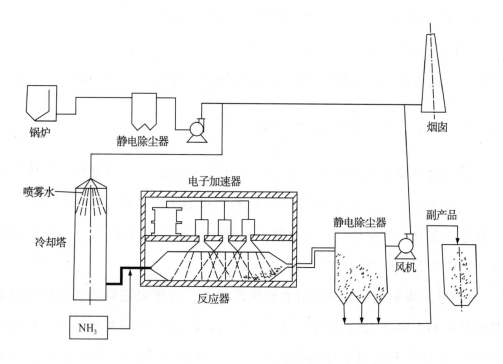

图 3.34　电子束辐射法烟气同时脱硫脱硝工艺流程图

（2）湿法烟气同时脱硫脱硝技术。湿法烟气同时脱硫脱硝技术主要有以下三种:氯酸氧化法、WSA-SNO_x 法和湿法 FGD 添加金属螯合剂法。

氯酸氧化法又称 Tri-NO_x-NO_x Sorb 法。氯酸氧化法同时脱硫脱硝工艺主体包括氧化吸收塔和碱式吸收塔两部分（见图 3.35）。氧化吸收塔内主要发生氧化还原反应,采用 $HClO_3$ 作为氧化剂对 NO、SO_2 及有毒金属进行氧化处理;碱式吸收塔主要是采用碱性吸收剂对残余的酸性气体进行吸收处理,这个过程是后续工艺。该工艺对 SO_2 和 NO_x 的去除率可以达到 95% 以上。

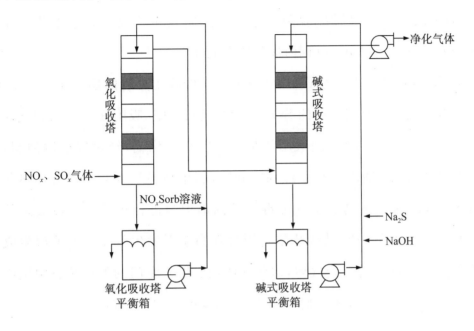

图 3.35　氯酸氧化法同时脱硫脱硝工艺流程示意图

WSA-SNO_x 法的原理如下:烟气经除尘处理后先进入 SCR 反应器,烟气中的 NO_x 在一定催化剂的作用下被 NH_3 还原成无害的 N_2,去除 NO_x 后的烟气进入改质器,在催化剂作用下将 SO_2 氧化为 SO_3,SO_3 再凝结水合成为硫酸并经过浓缩处理获得可销售的浓硫酸(>90%)。WSA-SNO_x 技术消耗的化学药品仅有 NH_3,不产生废水、废渣等二次污染物,不产生石灰石脱硫而形成的 CO_2。

湿法脱硫技术对 SO_2 的脱除率可以达到 90% 以上,但由于 NO 很难溶于水,所以湿法技术几乎无法脱除 NO。一部分金属螯合物,如 Fe(Ⅱ)-EDTA 等,可迅速与部分溶解的 NO_x 发生反应,能促进 NO_x 的吸收。美国 Dravo 石灰公司使用含 6% 氧化镁的石灰作为脱硫剂,并将 Fe(Ⅱ)-EDTA 添加进脱硫液中,开展了同时脱硫脱硝的实验研究,实验结果表明该技术可使脱硝率和脱硫率分别达到 60% 以上和 99% 左右。湿法 FGD 添加金属螯合剂法同时脱硫脱硝技术的主要缺点是反应中螯合物易发生损耗,难以进行循环利用,从而导致该工艺运行费用很高。

(3)干法烟气同时脱硫脱硝工艺。干法烟气同时脱硫脱硝工艺主要有NOXSO法、SNRB法、CuO同时脱硫脱硝技术等。

NOXSO法的工艺流程(见图3.36)如下:经除尘处理的烟气通入流化床,流化床内的吸附剂对烟气中的SO_2和NO_x进行吸附,吸附净化后的烟气通过烟囱排放到大气中。吸附剂采用的是球形粒状氧化铝,经过碳酸钠泡制,具有较大的表面积。吸附剂状态达到饱和时,利用高温空气对其进行加热并释放出NO_x,含NO_x的高温空气可再次送到锅炉内进行再循环。被吸附的硫则在再生器内进行回收,使硫化物与甲烷在高温下发生氧化还原反应生成含高浓度SO_2和H_2S的混合气体,这些气体随后送入专门的处理装置中生成副产品——单质硫。该技术可脱除97%的SO_2和70%的NO_x。

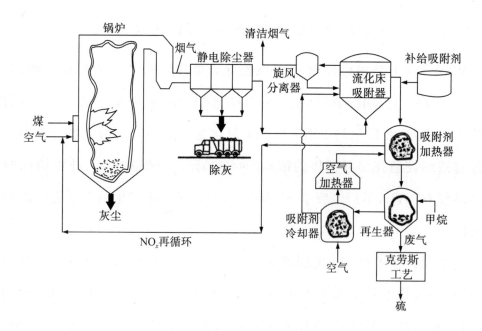

图3.36 NOXSO法工艺流程图

SNRB法是把所有的SO_2、NO_x和颗粒物都集中于一个高温集尘室中进行处理的方法。工艺流程如下:在烟气从省煤器排出后喷入钙基吸收剂用于

脱除 SO_2;在烟气进入布袋除尘器前喷入还原剂 NH_3,将 SCR 催化剂悬浮于布袋除尘器的滤袋中,已添加 NH_3 的烟气在催化剂作用下发生还原反应以达到去除 NO_x 的目的。为了保证反应温度范围保持在 300～500 ℃,应将布袋除尘器置于省煤器和换热器之间。

CuO 同时脱硫脱硝工艺采用 CuO 作为活性组分,用于烟气中 SO_x 和 NO_x 的同时脱除,该工艺已研究得比较深入。CuO 常与其他化合物配合使用,以 CuO/Al_2O_3 和 CuO/SiO_2 为主要组合形式,其中 CuO 含量一般为 4%～6%。在 300～450 ℃ 的温度条件下,CuO 与烟气中的 SO_2 发生氧化还原反应,反应形成的 $CuSO_4$ 及过量的 CuO 对 NO_x 具有很强的选择性催化还原作用。吸附饱和的 $CuSO_4$ 被送去再生。再生过程中通常采用 H_2 或 CH_4 等还原性气体对 $CuSO_4$ 进行还原,得到的 SO_2 可用于制酸,还原得到的金属铜或 Cu_2S 再用空气或烟气进行氧化处理生成 CuO,这部分 CuO 又可重新用于吸附-还原过程。

3.4.4　VOCs 的污染控制技术

目前用于 VOCs 的污染控制技术主要包括催化氧化法、吸附法、生物净化法、低温等离子体降解法、光催化降解法、冷凝法、吸收法、膜分离法等。根据在工业企业中的应用情况,本节主要介绍前 4 种方法以及多技术联合控制工艺。

3.4.4.1　催化氧化法

(1)方法原理。催化氧化法属于燃烧法范畴。燃烧法是最常用的 VOCs 废气处理技术,包括直接燃烧、热力燃烧和催化氧化法三种。直接燃烧和热力燃烧过程对辅助燃料需求量较大,需要高温操作,且易形成副产物,在实践中往往受到一定限制(尤其是对中、低浓度 VOCs 废气的处理)。催化氧化法发展于 20 世纪 40 年代,主要是对工业恶臭废气进行处理以及对装置能量进行回收。催化氧化法是处理恶臭气体和可燃性碳氢化合物的有效手段之一,目前已在化工喷涂、炼焦、印刷、漆包线生产、绝缘材料生产等众多工业行业 VOCs 废气处理中得到了成功应用。该技术的主要优点是高效、环保、节能、产物易控制等。

催化氧化法使废气中的 VOCs 在合适的催化剂作用下完全被氧化,属于典型的气-固相催化反应。催化剂可以使反应的活化能降低,同时其表面可以富集反应物分子,使反应速率提高。在催化剂作用下,有机废气可在较低温度下进行无火焰燃烧,释放大量热量的同时产生 CO_2 和 H_2O。催化氧化法的净化效率通常能达到 95% 以上。在处理气量较大的有机废气时,工程上一般采用分建式处理系统,即将换热器、燃烧室和催化床分开进行设计,各自成为独立的设备,各设备间采用管路进行连接;在处理气量较小的有机废气时,一般采用组合式处理系统,即将预热器、燃烧室和催化床组合安装在同一个设备中。

大部分碳氢化合物通过催化剂床层快速被氧化的温度不超过 500 ℃。催化氧化处理系统通常利用经催化燃烧净化后的气体对待处理废气进行预热,当待处理废气温度过低,在预热过后仍然达不到催化燃烧所需温度时,往往是将废气与辅助燃料燃烧产生的高温气体混合均匀,从而达到催化燃烧温度。催化氧化实际上就是有活性氧参与的一种剧烈氧化反应,空气中的氧气在催化剂活性组分的作用下被氧化形成活性氧,反应物分子与活性氧接触时因能量传递而被活化,从而使氧化反应加速进行。催化氧化过程按照不同氧化温度可分为以下三个过程:①低温过程,是由内表面反应动力学控制的反应过程;②中间过程,是由扩散过程控制反应速率的反应过程;③高温过程,是催化剂活性的控制作用最为显著的反应过程。

(2)催化剂选择。催化氧化反应过程中催化剂的选择十分关键,催化剂一般由载体、活性组分和助催化剂组成。载体既可以对活性组分进行分散,也可以对催化性能进行调节，如载体表面的酸性中心可对 VOCs 进行活化，选择合适的载体是催化剂优良性能的有效保障。VOCs 催化氧化反应过程会释放大量的热量，使催化剂处于高温环境中，因此合适的催化剂载体应具有良好的耐高温性能，此外还应具备以下性能：适宜的导热性能和热膨胀系数、发达的孔隙结构及较大的比表面积、较高的机械强度、较小的气流阻力等。目前比较常用的催化剂载体有 $\gamma\text{-}Al_2O_3$、SiO_2、分子筛、TiO_2、其他金属氧化物、黏土、钙钛矿、堇青石、碳载体、复合载体等。催化剂的活性组分能直接影响催化剂的催化效果，是催化剂的核心组成部分。催化氧化法最常用的催化剂按照其活性组分类型大致可以分为以下三类：贵金属催化剂、过渡金属氧化物催化剂和稀土复合氧化物催化剂。

贵金属催化剂主要指以 Pd、Pt、Ru、Au、Ag 等贵金属为活性组分的负载型催化剂。这类催化剂主要有以下优点：催化活性高、催化氧化彻底、起燃温度低（低于 200 ℃）、低温活性高、产物选择性好等。贵金属催化剂的主要缺点是价格昂贵、高温条件下活性位易烧结流失，此外还存在净化含 S、Cl、N 等杂质的 VOCs 废气时易中毒的问题。

过渡金属氧化物催化剂主要是指以 Cu、Cr、Mn、Co、Ni 等金属的氧化物为活性组分的单金属氧化物催化剂或复合氧化物（尖晶石型复合氧化物和水滑石衍生复合氧化物等）催化剂以及负载型氧化物催化剂。大多数条件下，复合氧化物催化剂拥有比单金属氧化物催化剂更高的活性，且在一定条件下，某些复合氧化物催化剂的催化效果能与贵金属催化剂相媲美。由于价格较贵金属催化剂低得多，过渡金属氧化物催化剂正作为贵金属催化剂的替代品而得到广泛关注和研究。

稀土复合氧化物催化剂主要包括钙钛矿型（ABO_3）和类钙钛矿型（A_2BO_4）催化剂两种类型，其中 A 一般代表拥有较大半径的稀土元素或碱土元素，B 一般代表半径较小的过渡金属元素。由于稀土复合氧化物结构容易形成表面晶格缺陷，使表面晶格氧具有高氧活化中心，从而使该类催化剂具有较高的氧化能力和低温起燃活性。

（3）技术应用与未来发展方向。目前，工业应用中常用于处理 VOCs 的催化氧化技术主要包括以下几种：直接催化氧化技术、蓄热式催化氧化技术、冷凝-催化氧化技术、吸附浓缩-催化氧化技术等。不同处理技术的针对性和优缺点各有不同，在工业上进行应用时应从技术和经济上进行综合考虑以选择合适的治理方案。技术上需考虑的因素包括但不限于待处理废气的理化性质（温度、风量、浓度、组成等）、处理效率要求、可用建设面积等，经济上应考虑设备投资、运行费用、维护费用和运行年限等因素。

直接催化氧化技术中，含 VOCs 废气先在预热器中进行预热，当废气温度符合催化氧化要求时再进入催化反应器中发生氧化反应，主要终产物为 CO_2 和 H_2O。催化反应器中的催化剂床层分为固定床和流化床两种类型，催化氧化反应尾气经热交换器处理后排放到大气中。直接催化氧化技术主要用于处理 VOCs 含量较高的废气。对于含其他元素（S、N、卤素等）的有机废气处理，还应该增加针对 SO_2、NO_x、HCl、Cl_2 等催化氧化副产物的后续治理设施。

近些年发展起来的蓄热式催化氧化技术适用于处理 VOCs 浓度范围为 $0.1\% \sim 1.0\%$ 且流量较小的有机废气，该技术显著提高了热利用效率，且运行成本较直接催化氧化技术低。蓄热催化氧化技术的关键设备是蓄热系统，该系统采用了热容量很高的陶瓷蓄热体，能将燃烧尾气的热量利用直接换热的方式蓄积在蓄热体中，并对待处理废气进行直接加热。该技术的蓄热系统能回收 90% 以上的热量，可用于低浓度废气的处理，拓宽了催化氧化技术的应用范围。

根据目前 VOCs 催化氧化技术的应用与发展情况来看，该技术未来应注重发展的方向主要有以下两个：①提高催化剂的性能，着重研究和开发抗中毒能力强、高效经济的新型催化剂，增强催化剂的适用性；②开发和推广新工艺，着重开发和推广催化氧化、低温等离子体等技术的组合或耦合工艺。

3.4.4.2　吸附法

吸附法是多种 VOCs 废气治理技术中非常重要的一种。与其他方法相比,吸附法的优点主要有:①装置设备简单,工艺流程较短,易于实现自动化控制,具有较好的灵活性;②适用范围广,净化效率高;③无腐蚀性,不会造成二次污染;④通过吸附回收技术可对附加值较高的 VOCs 进行资源化利用。因此,吸附法是一种能高效治理 VOCs 废气的技术,也是目前在工程上应用最为广泛的 VOCs 废气治理技术。图 3.37 为典型的吸附技术工艺流程示意图。

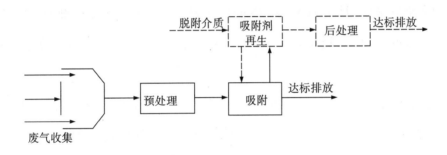

图 3.37　典型的吸附技术工艺流程示意图

吸附现象是指当两相同时存在时,某一相中的物质或是溶解于该相中的溶质,在两相界面附近被另一相吸附的现象。具有吸附性的物质叫作吸附剂,被吸附的物质叫作吸附质。吸附作用因吸附作用力的存在而产生。从吸附剂角度而言,位于固体内部的原子受到来自各方向上相等的作用力,而位于固体表面的原子则受到来自周围原子的不对称作用力,如此一来,位于固体表面的原子的力场就存在剩余,因而可以对液体或气体分子进行吸附。当气体分子碰撞到固体表面时,固体内部原子对气体分子产生引力而在固体表面发生气体吸附现象。

根据吸附剂与吸附质分子间相互作用力大小的不同,可以把吸附作用分为物理吸附和化学吸附两大类。物理吸附的吸附热往往与吸附质的冷凝热比较接近,处于较低水平;在物理吸附过程中吸附质结构不会发生变化,既可以发生单层吸附也可以发生多层吸附；物理吸附一般是可逆过程，吸附速率较快，能较为迅速地达到吸附平衡的状态。与物理吸附不同，化学吸附过程中往往会形成化学键，且吸附热较高。

治理 VOCs 废气时采用的吸附法主要利用的是物理吸附（化学吸附较少），即吸附过程中吸附剂将 VOCs 分子吸附于表面时主要发生物理吸附作用。

吸附法是治理 VOCs 废气最为简单和高效的方法之一，在整个吸附环节中，高效吸附剂的使用是最为关键的环节。高效的吸附剂需满足对吸附质有较高吸附量的要求，从而实现高效治理 VOCs 废气的目标。在实际应用中，吸附剂的种类繁多，性能各异，在根据实际情况选择不同吸附剂时，应综合考虑吸附剂的吸附速率、吸附量、再生性、对吸附质的选择性及成本等多个方面的指标。

目前市场上较为常见的吸附剂种类有活性炭、沸石/分子筛、硅胶、吸附树脂、土壤及矿物质、蒙脱土、膨润土及氧化铝等，其中前四种在 VOCs 吸附方面应用得最为广泛。图 3.38 展示了活性炭吸附 VOCs 的工艺流程。

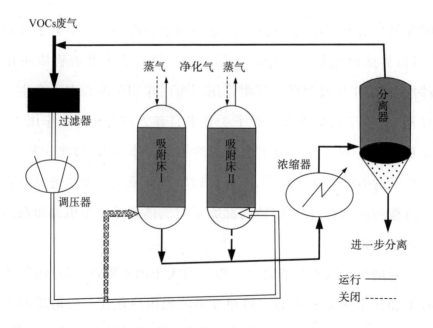

图 3.38　活性炭吸附 VOCs 的工艺流程图

3.4.4.3　生物净化法

生物净化法治理 VOCs 废气的原理如下：废气中的有机组分在微生物代谢活动的作用下被降解或转化成 CO_2、H_2O 等无机产物以及细胞质等物质，从而实现对 VOCs 的彻底净化，是有效处理低浓度有机废气和恶臭气体的一种绿色治理技术，运行费用低，能耗小，无二次污染。

在利用生物净化法处理有机废气的过程中，气态有机污染物首先从气相转移并吸附到液相或固相表面的液膜中，液膜中的微生物再将有机污染物降解掉。20 世纪 70 年代初，一种数学模型被开发出来，用以表征生物净化法处理有机废气过程中单组分、非吸附性、可生化的气态有机物去除率。随后，人们在该数学模型和传统双膜理论的基础上研究出了生物膜理论，该理论的出现在世界上产生了较大影响。生物膜理论指出，采用生物净化法处理有机废气主要包括以下几个过程：①废气中的有机污染物首先接触液相并溶解于其中（即由气膜扩散到液膜）；②在浓度差存在的条件下，液膜中溶解的有机污染物扩散至生物膜，进一步被其中的微生物捕获并吸收；③微生物将捕获和吸收的有机污染物转化为自身生物量、新陈代谢副产物及一些简单的无机物（如 CO_2、H_2O、N_2、S 和 SO_4^{2-} 等）；④CO_2、N_2 等气态产物从生物膜表面脱附并发生反扩散进入气相中，而其他物质（S 和 SO_4^{2-} 等）则随营养液排出或保留在微生物体内。

随着研究的不断深入以及工业上应用的推广，传统的吸收-生物膜理论已无法完整解释 VOCs 传质和生物降解的复杂过程，因此在该理论的基础上，有研究人员提出了新的吸附-生物膜理论。吸附-生物膜理论主要强调废气中的 VOCs 分子可直接扩散进入填料表面的生物膜，而不经过液膜。吸附-生物膜理论建立的基础是低浓度 VOCs 废气的生物净化过程，这一理论目前已在一些实验中得到了验证，如在不溶或难溶于水的 VOCs 废气生物净化过程中增大液体喷淋量无法强化净化效果。此外，有研究指出，对于一些容易降解的物质,其生化降解反应的发生十分迅速,即这些物质一经扩散到生物膜表面就立即在湿润的生物膜上直接发生吸附作用,并被其中的微生物迅速捕获,进而被降解。这些理论能解释一些实验中出现的现象,如生物净化VOCs过程受到生物膜表面液体滞留量(即液膜厚度)影响的现象。

根据微生物生长方式的不同,可以将生物净化系统分为悬浮生长系统和附着生长系统两大类。悬浮生长系统中的微生物生长于含有营养物质的悬浮液中,废气中的有机污染物接触悬浮液时被转移到液相中,再被其中的微生物降解,采用该类系统的工艺代表为吸收工艺和生物洗涤工艺。附着生长系统中的微生物附着生长于填料介质表面并形成固定床层,废气通过该固定床层时,被微生物吸附,进而被降解,采用这类系统的代表性工艺是生物过滤工艺。生物滴滤工艺与生物过滤工艺具有相同的工作原理,不同之处在于生物滴滤工艺为填料层微生物生长提供营养和水分的方式是连续喷淋方式,也就是说生物滴滤工艺同时具备悬浮生长系统和附着生长系统的特点。图3.39为三种常见的生物净化法处理VOCs工艺的流程图。

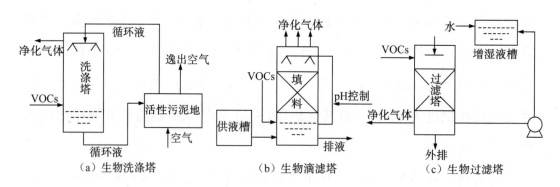

图 3.39　常见的生物净化法处理 VOCs 工艺流程图

近年来,研究人员以气液传质理论、生物化学原理和传统净化工艺为基础,同时借鉴污染治理技术的新工艺,通过改进和创新,研制了膜生物净化工艺、两相分离生物净化工艺、转鼓生物过滤工艺等一系列较为先进的 VOCs 生物净化工艺,一方面大大提高了 VOCs 治理技术的处理率,另一方面也增加了生物净化法治理的 VOCs 种类。

3.4.4.4　低温等离子体降解法

等离子体降解法是少数能控制复合污染物的废气治理工艺之一。等离子体降解法的主要优点是治理效果好、对气体污染物的适应性强、易于与其他工艺联合使用等。用于废气中 VOCs 去除的等离子体降解法是低温等离子体降解法。

低温等离子体降解法去除废气中 VOCs 的反应过程相当复杂。电压加在电极之间产生电场,为电极空间中的电子提供能量并使这些电子发生加速运动;加速运动中的电子和位于其中的气体分子发生碰撞,从而使气体分子或被激发、或发生电离、或吸附电子形成负离子。电子与气体分子的碰撞过程可能产生以下三种不同结果:①中性气体分子发生电离生成离子和衍生电子,衍生电子又与电离电子一同加入维持放电的电子行列;②电子亲和力高的气体分子(如 O_2、H_2O 等)与电子发生碰撞,这些分子吸附电子而形成负离子;③电子与一部分气体分子发生碰撞使气体分子被激发形成极不稳定的激发态分子,这些激发态分子能快速回到基态并辐射出光子,当光子具备足够的能量后便照射到电晕极上,发生光电离现象而产生光电子,光电子可参与维持放电。总而言之,与电子发生碰撞的气体分子能形成一些活性很高的粒子,这些高活性粒子将对废气中的 VOCs 分子进行氧化和降解,从而达到去除 VOCs 污染物的目的。

单独使用低温等离子体降解法处理 VOCs 废气时,VOCs 去除效率和能量利用效率均不理想,此外在处理 VOCs 过程中还可能会形成某些有害物质,造成二次污染。等离子体配合催化剂使用可以在一定程度上减少有害副产物的形成并降低能耗,因此等离子体与催化剂联合降解技术正逐渐引起人们的重视。

3.4.4.5　VOCs 的多技术联合控制工艺

工业 VOCs 废气的成分和理化性质均很复杂,单一的治理技术不但成本较高,更重要的是通常很难满足 VOCs 废气治理要求。为了满足 VOCs 废气达标排放的要求,同时降低设备的运行成本,可以考虑采用组合治理工艺对 VOCs 废气进行治理。

(1)吸附浓缩-催化氧化技术。吸附浓缩-催化氧化技术有机结合了吸附技术和催化氧化技术,一般适用于处理大风量、低浓度或浓度不稳定的 VOCs 废气。目前我国已经成功研制了固定床式的有机废气浓缩装置,并在喷涂、印刷等行业的大风量、低浓度有机废气处理方面得到了广泛应用。

吸附浓缩-催化氧化技术本质上是先将大风量、低浓度的 VOCs 废气进行浓缩,形成小风量、高浓度的 VOCs 废气,然后再采用催化氧化技术去除废气中的 VOCs。具体的工艺步骤如下:首先,废气进入预处理系统进行预处理后进入吸附床层,其中的吸附剂对废气中的 VOCs 进行吸附;其次,当吸附床层吸附 VOCs 达到饱和时,对该床层进行脱附处理,脱附介质可采用小气量热空气,脱附处理后的气流带着高浓度 VOCs 进入催化反应器;最后,在催化反应器中催化剂的作用下,VOCs 分子发生氧化反应生成 CO_2 和 H_2O 等无害物质。整个处理系统中一般包含两个或多个固定吸附床,吸附和脱附在其中交替进行(吸附剂再生),生产过程中可切换吸附床,从而确保系统高效连续运行。

吸附浓缩-催化氧化技术的吸附剂一般为蜂窝状活性炭。蜂窝状活性炭的主要优点是床层阻力低、动力学性能好等,对低浓度 VOCs 的处理尤为高效。目前有部分企业使用的吸附剂为薄床层的颗粒活性炭和活性炭纤维毡,采取的吸附剂再生方式为频繁吸附脱附方式。

(2)吸附浓缩-冷凝技术。吸附浓缩-冷凝技术是一种主要针对低浓度 VOCs 废气处理的联用技术,应用也较为广泛,在处理 VOCs 废气的同时可对有机物进行回收。吸附浓缩-冷凝技术的吸附浓缩工艺过程与吸附浓缩-催化氧化技术的相同,经吸附脱附再生后的高浓度 VOCs 废气则通过冷凝器回收其中的有机物,经冷凝处理后的尾气再返回吸附器进行进一步的吸附净化处理。

吸附浓缩-冷凝技术中采用的吸附装置可以是固定床、转轮或流化床,实际应用中应根据 VOCs 污染物的成分类型和性质对固定床和转轮吸附装置进行选择。当处理低沸点有机废气时,吸附剂再生温度较低,一般采用固定床作为吸附装置,吸附剂可采用蜂窝状活性炭、颗粒活性炭或活性炭纤维毡。而处理高沸点有机废气或混合废气时,通常采用转轮吸附装置作为吸附器,吸附剂可选用蜂窝状分子筛。

(3)吸附-光催化技术。在目前 VOCs 废气处理中吸附法应用得较为广泛,该方法的优点是适用范围广、运行成本低;而光催化法对于气相污染物的脱除颇为高效,可降解大部分气态有机物,还兼具杀菌作用,因此将吸附法与光催化技术组合起来使用,可以有效地去除废气中的 VOCs。吸附-光催化技术的原理为:首先,通过具有较大孔体积和较高比表面积的吸附剂对废气中的 VOCs 进行吸附浓缩,得到高浓度 VOCs 气体,并获得较长的 VOCs 停留时间,从而提高光催化反应效率;其次,光催化技术可对吸附剂材料内的 VOCs 组分进行深层降解,从而使吸附剂的多次净化能力得到提升,进而使吸附剂的使用寿命得到延长。

(4)等离子体-光催化技术。近些年发展起来的等离子体-光催化技术是一种先进的组合式废气治理工艺。等离子体场产生的活性粒子具有高能量,可以提高催化反应速率,减少能量消耗;光催化剂则可促使等离子体副产物进一步被氧化,且能强化反应的选择性,减少副产物的产生,对反应方向起到主导作用。将等离子体技术与光催化技术进行有机结合,可以使 VOCs 去除效率得到大幅提升。等离子体-光催化技术组合使用的方式主要有以下两种:一是在等离子体发生器上直接涂覆光催化剂;二是光催化剂的激发光源采用来自等离子体的电磁波。

3.4.4.6　VOCs 治理技术选择

为了能选择适宜的 VOCs 治理方案,应充分考虑技术和经济两个层面的因素。在技术层面应考虑的因素如下:废气组成和理化性质(VOCs成分和含量、废气流量、废气温度、废气压力、废气湿度等)、VOCs去除效率、设备安全运行可用建设面积、必需的附属装置、与生产工艺(排污工艺)的协同性等。在经济层面应考虑的因素主要有设备与工程的一次投资、运行和维护费用以及使用期限等。

在选择VOCs治理技术时需考虑的最重要因素是废气中的VOCs浓度,不同VOCs处理技术适用的VOCs污染物浓度范围如图3.40所示。

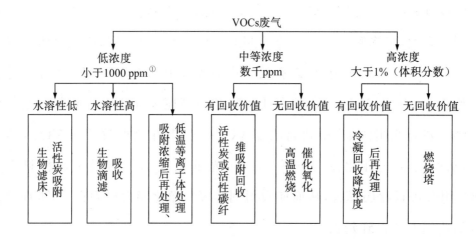

图3.40　不同VOCs处理技术适用的VOCs污染物浓度范围

综合来看,选择治理方案的前提是评估所选方案能否实现达标排放和治理费用(设备投资和运行费用)的高低。单一治理技术很难在满足达标排放要求的同时保持较低的治理费用,因此为了达到最佳治理效果并节约治理成本,在很多情况下采用组合治理技术对VOCs废气进行净化处理。

前文所提到的常用技术的组合治理技术,对于各种浓度范围的含VOCs废气治理都具有一定的适用性。如低浓度废气的处理可以采用吸附浓缩-燃烧技术、吸附浓缩-冷凝技术和等离子体-光催化组合技术等技术,中等浓度废气的处理技术中典型的有活性炭纤维吸附回收-沸石转轮吸附浓缩技术,而高

---

①　$1\ ppm=10^{-6}$。

浓度废气的处理可采用冷凝回收-活性炭纤维吸附回收技术等。组合治理技术的应用可以充分利用各个治理单元技术的优势,形成优势互补,在实现达标排放目的的同时确保治理费用最小化。

3.5　大气污染物监测、来源分析及治理技术在大气环境损害鉴定工作中的应用

大气环境损害鉴定评估工作顺利开展的基础是充分运用大气污染物的监测、来源分析技术,以及充分了解大气污染物的治理技术。

大气污染物的监测技术在大气环境损害调查、因果关系分析及损害实物量化工作中都可发挥重要作用。当对违法排污行为及突发环境污染事件进行环境损害调查时,大气污染物种类、污染物排放量、排放浓度、排放速率、污染物毒性等级等信息的获取需要借助相关的大气污染物监测技术;而对污染物的监测结果则是进行因果关系分析和损害实物量化的重要依据。

大气污染物来源分析技术则可应用于因果关系分析和损害实物量化工作中。在因果关系分析中,大气污染物来源分析技术主要用于进行污染物同源性分析及大气污染物迁移路径的合理性分析;在损害实物量化中,大气污染物来源分析技术则主要用于确定污染程度和污染范围。

而对大气污染物治理技术的原理、工艺流程、工艺参数的了解会为大气污染物虚拟治理成本的计算提供治理技术的选择依据,从而对大气环境损害价值进行量化。

第4章 大气环境损害调查与损害确定

　　我国目前大气污染责任纠纷类案件主要包括两大类：第一类是企业违法排污（有明显污染物超标排放、未经处理直接排放或简单处理后排放行为）而造成大气环境损害的案件；第二类是突发环境污染事件造成大气环境损害的案件，如突发性有毒有害气体泄漏事件、工厂爆炸类事件等。针对我国目前大气污染责任纠纷类案件，根据相关规定，在进行大气环境损害鉴定评估时，首先要开展的工作是大气环境损害调查和损害确定。

　　以往大气污染责任纠纷类案件的经验表明，在大气环境损害鉴定评估过程中，大气环境损害调查与损害确定工作的主要内容是收集分析企业违法排污或突发环境污染事件造成大气环境污染的相关资料，开展现场踏勘和采样分析，掌握企业违法排污或突发环境污染事件造成大气污染的基本情况，并根据大气环境基线确定大气环境是否受到损害。

4.1　大气环境损害调查

　　大气环境损害调查的工作内容主要包括基础信息调查、大气环境污染行为调查和评估区域大气环境质量状况调查三方面。

4.1.1　基础信息调查

基础信息调查是针对评估区域背景信息的调查,主要调查内容如下:

(1)对评估区域自然条件的调查。开展评估区域自然条件调查的主要目的是充分了解评估区域的气候气象和地形地貌特征,收集包括但不限于气温、气压、风向、风速、降水、相对湿度、光照、紫外辐射、大气能见度、混合层高度、地面粗糙度、建筑群分布、山地分布等方面的资料,并以这些资料为基础分析气候气象及地形地貌因素对大气污染可能产生的影响。

气象条件能对大气污染物的传输过程产生重要影响。气象背景对污染物在大气中的扩散、迁移、转化起到了决定性作用;风向、风速、气温、气压、湿度、降水、光照等气象条件的变化都能影响污染物在大气中的物理化学反应特性和迁移转化方式及距离,从而对污染物的时空分布特征和环境空气质量产生重要影响。大气运动在污染物的扩散和传输过程中发挥着至关重要的作用,大气污染物的主要传输形式之一是湍流扩散。大气稳定度取决于低层大气的温度廓线,而当大气处于非常稳定的状态时,湍流扩散被大大减弱,物种的互相混合也受到抑制,因此严重的大气环境污染事件在这种情况下最容易发生。气候对大气污染的影响主要表现为对大气化学过程的影响。气候变化可引起对流层温度分布、云、降水以及边界层气象学等要素的改变,从而影响近地面污染物的干/湿沉降和大气传输过程以及痕量大气的寿命等。

地形地貌能对近地面大气污染物的扩散特征产生十分重要的影响。如山地丘陵的存在,一方面可以阻挡外来沙尘污染物,另一方面会导致在一定气象条件下大气污染物的山前堆积;相比于低层建筑物,较高的建筑物更易形成与过山气流类似的污染物闭塞区条件,从而使更多的污染物易于聚集并滞留在较高建筑物的背风面,并因此形成有较高污染物浓度的区域。

(2)对评估区域发生大气污染前三年内大气环境质量状况数据的调查。

这项调查的主要目的是了解评估区域大气环境的基本情况,所要调查的具体资料包括:常规监测污染物(SO_2、NO_2、$PM_{2.5}$、PM_{10}、O_3、CO)和其他污染物(有监测数据的物质)最高和最低日平均浓度、月平均浓度、各季节平均浓度、年平均浓度、污染事件发生时期往年同时段平均浓度(其中 O_3 各时期平均浓度采用日最大 8 小时平均浓度进行计算),空气质量优良天数及达标率,各类污染事件发生次数及影响程度,突发环境污染事件发生次数及影响程度等。数据来源应为距评估区域最近的环境监测站数据,以及当地生态环境局所掌握的数据。

(3)对评估区域周边生态敏感区、特殊保护区以及社会关注区等环境空气敏感区情况的调查。这项调查的目的是了解待评估区域污染中心点周边是否存在生态敏感区、特殊保护区以及社会关注区等环境空气敏感区。调查范围应为污染中心区域往外 4 km 内的空间范围。

(4)对评估区域的空气质量标准及环境空气功能区划的调查。这项调查的目的是了解评估区域的空气质量执行何种标准,以及评估区域属于哪一类环境空气功能区。对于空气质量标准,当有比较严格的地方标准时,可执行地方标准,缺少地方标准时,执行国家标准。目前我国将环境空气功能区划分为以下两类:一类区是指需要进行特殊保护的区域,包括自然保护区、风景名胜区等;二类区则包括居住区、工业区、文化区、商业交通居民混合区和农村地区等。一类区和二类区分别适用一级和二级大气污染物浓度限值。

4.1.2　大气环境污染行为调查

大气环境污染行为调查工作的主要内容包括对违法排污行为的调查和突发大气环境污染事件的调查两大类。

4.1.2.1　违法排污行为调查

(1)调查大气污染源的类型、数量、位置和周边情况等信息。当出现违法排污行为时,一般污染源的位置是比较明确的,通过对污染源(企业)所在地进行现场踏勘、资料收集和人员访谈等,识别大气污染源的类型(固定源或移动源,以及其所属行业,如燃煤、钢铁、化工、制药、农药、包装印刷、家具、皮革等),统计排气口的数量和无组织排放点位数量,调查大气防护距离及污染中心周边地形、建筑、企业、居民区、交通、绿化等基本情况。

(2)调查大气污染物违法排放的时间、方式、去向和频率,环保设备运行情况和排污许可中允许的污染物排放量等信息。通过查看企业自动在线监测数据(如果有),或查阅环保部门执法或处罚记录,或走访企业周边居民,了解企业造成大气环境污染的起始时间、是从哪个排气口排出的废气(或整个园区是否存在异味等)、是否每天有超标排放或未经处理排放的情况发生,以及每次超标排放或未经处理排放持续的时间等。

通过现场勘察、查阅企业资料、询问企业相关负责人等方式,了解企业类型、原材料储存和使用情况、主要生产工艺、污染物产生的主要过程、废气的收集和处理工艺、废气排放口设置等具体情况。以此为基础,明确主要产污排污过程,判定废气收集、处理和排放方式是否符合相关标准,并分析造成大气环境污染的主要排放方式:可能是由于废气完全未经处理就排放而导致大气环境污染,可能是由于处理方式不当而导致污染物超标,还可能是由于某道生产工艺发生事故而引起废气泄漏。需要引起注意的是,企业在线监测数据通常仅能反映废气排放口大气污染物的浓度,而部分企业或生产环节容易产生废气的无组织排放,这部分污染物应进行单独考察。

污染物的排放频率可通过调查企业每天开始作业和结束作业的时间或废气处理设备的启动和停止时间获得,对于安装有连续自动在线监测系统的企业,则可通过在线监测系统内的排气流量数据获得。

环保设施的运行情况可以通过查阅工况记录、运行记录或询问相关负责人的方式获得;排污许可中允许该企业排放大气污染物的排放总量及排放浓度数据可通过查阅企业排污许可证获取。

（3）调查大气污染源排放的大气污染物种类、排放量和排放浓度、排放速率、毒性等级等信息。根据企业所属行业类型、原材料储存和使用情况、主要生产工艺及其理化反应机理、污染物产生的主要工艺过程等，对污染源排放的大气污染物种类进行识别，如有大气污染物排放在线监测数据，在识别污染物种类时可将在线监测数据作为参考。毒性等级的划分可参考《化学品分类和标签规范　第18部分：急性毒性》（GB 30000.18—2013）。

对大气污染物排放量、排放浓度和排放速率进行确定要分以下两种情况：第一种情况是进行调查时企业仍在正常开工，生产设备和环保设施运行状况与污染行为发生时情况一致，可通过在线自动监测系统或现场手动监测获取污染物相关数据（称为可监测情况）；第二种情况是企业已被关停，所有设备均停止运行，无法由现场采样获得污染物相关数据（或称不可监测情况）。

①可监测情况。当企业安装有大气污染物排放连续自动在线监测系统，且在线监测系统正常运行并能获取可靠的监测数据时，可通过在线监测数据得到大气污染物的排放浓度和排放速率，并以此为基础计算大气污染物的排放量。在没有在线监测数据或数据覆盖不全面（包括未正常运行、数据不可靠和监测物种不全面）的情况下，则要对排气进行现场手动采样并采用相应的方法对污染物排放浓度、排放速率进行测定，并以手动测定结果为基础对污染物排放量进行计算。当企业发生无组织排放时，要对无组织排放点的废气进行现场手动采样并对污染物成分和浓度进行测定。

对于有组织排放的废气，在进行现场手动采样之前，要先进行现场勘察，探明污染源的数目及其所处位置，了解清楚废气输送管道的分布情况及管道断面的形状、尺寸等信息，观察废气输送管道周围的环境状况，明确废气的收集方式和排放去向及排气筒高度等，根据现场勘察的结果确定采样位置及采样点数量。

在现场监测期间，应安排专人监督被测污染源的工况，使其符合监测要求，确保生产设备和环保设施运行状况与污染行为发生时保持一致。在监测期间还应对企业主要产品产量、用于生产的主要原材料或燃料消耗量进行统计，并与相应设计指标进行比对，从而对生产设备的实际运行负荷情况进行核算。

手动采样的采样点应避开急剧变化的断面和烟道弯头位置，优先设置在垂直管段位置。对于采样点位置与阀门、弯头、变径管的距离，在下游方向上至少为管路直径的 6 倍，上游方向上至少为管路直径的 3 倍。矩形烟道以其当量直径（D）为依据，当量直径的计算公式为：$D=2AB/(A+B)$，式中 A、B 分别为矩形管路的边长。采样时采样断面的气流速度最好控制在 5 m/s 以上。当采样现场烟道管路难以满足最佳采样条件时，可因地制宜地选择其他比较合适的管段进行采样，但采样断面应与阀门、弯头等部件保持至少 1.5 倍烟道直径的距离，并适当增加采样次数和采样点数量。当仅针对气态污染物进行采样时，由于气态污染物能在烟道内进行比较均匀的混合，因而可以不受以上采样规范的限制，但采样时仍应避开涡流区；此外，若采样时有排气流量的测定要求，则仍应按照上述采样规范的要求选择采样点。现场手动采样的采样点位置具体排布方式参见《固定源废气监测技术规范》（HJ/T 397—2007）。

废气污染物的测定分为对颗粒物进行测定和对气态污染物进行测定两种情况。在不同烟气温度条件下，部分污染物（如某些有机物）的存在形态并不相同，可能是颗粒物形式也可能是气态污染物形式，因此，在对废气进行采样前，应根据污染物存在形态选择合适的采样方法和采样装置。

颗粒物的测定原理是：从采样孔将烟尘采样管插入烟道中，将采样嘴正对气流放置于事先选好的采样点上，按照等速采样的原理抽取一定体积的烟气，利用所采集颗粒物的质量与所采集气体的体积，可对样气中颗粒物的浓度进行计算。颗粒物采样方法主要有三种：定点采样、移动采样和间断采样。采集颗粒物样品时应遵循的原则除了等速采样外还有多点采样的原则，从而使获得的烟气样品更具有代表性。以下四种采样方法满足颗粒物等速采样的原则:静压平衡采样管法、动压平衡采样管法、皮托管平行测速采样法和普通型采样管法(预测流速法)。采用以上四种方法采样时均应按照《固定污染源排气中颗粒物测定与气态污染物采样方法》(GB/T 16157—1996)的规定进行操作。为了提高工作效率并减少采样误差,在条件允许的情况下,采样时应尽量使用具有自动调节气体流量功能的采样仪器。采样的具体操作步骤应遵循《固定源废气监测技术规范》(HJ/T 397—2007)的相关规定。分析颗粒物样品采用的是重量法:将捕集有颗粒物的滤筒置于烘箱中,在105 ℃下烘烤1 h后再放入恒温恒湿条件下的干燥器中冷却至室温,再用感量为0.1 mg的天平在恒温恒湿条件下称量该滤筒至恒重,采样前后滤筒质量的差值就是样品中颗粒物的质量。

气态污染物的采样方法包括化学法和仪器直接测定法两种。化学法采样原理如下:将气体样品通过采样管吸入装有吸收液的吸收瓶或装有固体吸附剂的吸附管、注射器、气袋或真空瓶中,再利用化学分析或仪器分析的方法对所获得的样品溶液浓度或气态样品中的污染物浓度进行分析。仪器直接测定法采样原理为:在采样系统中安装颗粒物过滤器和除湿器以除去废气中的颗粒物和水汽,用抽气泵通过采样管将去除了颗粒物和水汽的气体样品抽入分析仪器中,对气体样品中气态污染物的浓度进行直接测定。气态污染物采样的具体操作步骤按照《固定源废气监测技术规范》(HJ/T 397—2007)的相关规定执行。废气中各种气态污染物的测定方法可参照3.1节的内容。

除目标污染物外,还需要测定的排气参数包括排气温度,排气中的水分含量,排气流速和流量,以及排气中的 CO、CO_2、O_2 浓度。以上参数的测定方法按照《固定源废气监测技术规范》(HJ/T 397—2007)中的相关规定执行。

污染物排放浓度通常表示为标准状态下干排气量的质量浓度(mg/m^3 或 $\mu g/m^3$)。

污染物排放浓度的计算公式如式(4.1)所示:

$$C' = \frac{m}{V_{nd}} \times 10^6 \qquad (4.1)$$

式中，C'——污染物排放浓度（mg/m³）；

V_{nd}——标准状态下所采集干排气的体积（L）；

m——采样所得污染物的质量（g）。

当监测仪器检测结果显示为体积浓度（10^{-6}或10^{-9}）时，应换算为质量浓度（mg/m³或μg/m³）的形式，按式（4.2）进行换算：

$$C' = \frac{M}{22.4}X \tag{4.2}$$

式中，C'——污染物的质量浓度（mg/m³或μg/m³）；

M——污染物的摩尔质量（g/mol）；

22.4——污染物的摩尔体积（L/mol）；

X——污染物的体积浓度（10^{-6}或10^{-9}）。

污染物平均排放浓度的计算公式如式（4.3）所示：

$$\overline{C'} = \frac{\sum\limits_{i=1}^{n} C_i'}{n}X \tag{4.3}$$

式中，$\overline{C'}$——污染物平均排放浓度（mg/m³）；

C_i'——污染物的质量浓度（mg/m³）；

n——采集的样品数。

若生产设备具有周期性变化的特征，需采用时间加权平均浓度表示时，按式（4.4）进行计算：

$$\overline{C'} = \frac{C_1't_1 + C_2't_2 + \cdots + C_n't_n}{t_1 + t_2 + \cdots + t_n} \tag{4.4}$$

式中，$\overline{C'}$——污染物时间加权平均浓度（mg/m³）；

$C_1', C_2', \cdots, C_n'$——污染物在$t_1, t_2, \cdots, t_n$时段的浓度（mg/m³）；

$t_1, t_2, \cdots, t_n$——监测时间段（min）。

在计算燃料燃烧设备废气污染物的排放浓度时，应将实测的污染物排放浓度按照所执行标准的要求换算成标准规定的过量空气系数下的排放浓度，按式(4.5)进行换算：

$$\overline{C} = \overline{C'} \times \frac{\alpha'}{\alpha} \tag{4.5}$$

式中，$\overline{C}$——过量空气系数 α 下的污染物排放浓度($\mathrm{mg/m^3}$)；

$\overline{C'}$——污染物实测排放浓度($\mathrm{mg/m^3}$)；

α'——实测过量空气系数；

α——污染源执行的排放标准所规定的过量空气系数。

根据采样过程中所用含氧量测定仪器的精度和数据处理要求，过量空气系数可根据式(4.6)或式(4.7)或式(4.8)进行计算：

$$\alpha = \frac{20.9}{20.9 - X_{\mathrm{O_2}}} \tag{4.6}$$

$$\alpha = \frac{21}{21 - X_{\mathrm{O_2}}} \tag{4.7}$$

$$\alpha = \frac{21}{21 - 79 \times \dfrac{X_{\mathrm{O_2}} - 0.5 X_{\mathrm{CO}}}{100 - (X_{\mathrm{O_2}} + X_{\mathrm{CO_2}} + X_{\mathrm{CO}})}} \tag{4.8}$$

式中，$X_{\mathrm{O_2}}$、$X_{\mathrm{CO_2}}$、X_{CO}——O_2、CO_2、CO 在排气中的体积分数(%)。

废气排放量表示标准状态下单位时间内排放的干废气体积，单位为 $\mathrm{m^3/h}$。

工况下测定的湿废气排放量根据式(4.9)进行计算：

$$Q_{\mathrm{s}} = 3600 F V_{\mathrm{s}} \tag{4.9}$$

式中，Q_{s}——工况下测定的湿废气排放量($\mathrm{m^3/h}$)；

F——测定管道断面面积($\mathrm{m^2}$)；

V_{s}——湿废气在测定管道断面的平均流速($\mathrm{m/s}$)。

标准状态下干废气排放量根据式(4.10)进行计算：

$$Q_{\mathrm{sn}} = Q_{\mathrm{s}} \times \frac{B_{\mathrm{a}} + P_{\mathrm{s}}}{101325} \times \frac{273}{273 + t_{\mathrm{s}}} \times (1 - X_{\mathrm{sw}}) \tag{4.10}$$

式中，Q_{sn}——标准状态下干排气量($\mathrm{m^3/h}$)；

B_a——大气压力(Pa);

P_s——排气静压(Pa);

t_s——排气温度(℃);

X_{sw}——水分在排气中的体积分数(%)。

污染物排放速率表示污染物在单位时间内(h)的排放量,单位为 kg/h。污染物排放速率的计算公式如式(4.11)所示:

$$G = \overline{C'} \times Q_{sn} \times 10^{-6} \tag{4.11}$$

式中,G——污染物的排放速率(kg/h);

$\overline{C'}$——污染物实测排放浓度(mg/m³);

Q_{sn}——标准状态下干排气量(m³/h)。

在对固定污染源废气污染物进行监测时应注意的其他事项均应遵循《固定源废气监测技术规范》(HJ/T 397—2007)中的规定。

对无组织排放进行测定的监测点的设定要求应遵循《大气污染物综合排放标准》(GB 16297—1996)中的规定。在对 SO_2、NO_x、颗粒物、氟化物等污染物的无组织排放进行监测时,应将监测点设置在无组织排放源的下风向,同时将参照点设置在排放源的上风向,根据判定监测点与参照点的浓度差值是否超过规定限制来判断是否存在超标排放的行为;对其他污染物的无组织排放进行监测时,则应将监测点设置在单位周界外。SO_2、NO_x、颗粒物、氟化物等污染物的无组织排放监测点应位于距离排放源 2～50 m 的下风向浓度最高点处,参照点应位于距离排放源 2～50 m 的上风向浓度最高点处;其他污染物的监测点应设在距离单位周界 10 m 以内的浓度最高点处。按规定,参照点数量为一个,最多可设置四个监测点。无组织排放的具体监测技术要求应按照《大气污染物无组织排放监测技术导则》(HJ/T 55—2000)的相关规定执行。

②不可监测情况。在无法获得能反映污染状态的监测数据时,可根据不同行业的特征采用物料衡算法或产排污系数法计算污染物排放量。原材料

使用量、燃料使用量等数据可通过查阅企业相关资料获得，产污系数或排污系数等数据则可通过查阅《纳入排污许可管理的火电等 17 个行业污染物排放量计算方法（含排污系数、物料衡算方法）（试行）》和《未纳入排污许可管理行业适用的排污系数、物料衡算方法（试行）》获得，在不同行业中，利用物料衡算法和产排污系数法对污染物排放量进行计算时，其公式和法则均可参考以上两个指南性文件中的相关内容。

废气中污染物排放浓度和排放速率则可根据计算得到的污染物排放量与作业时间进行计算获得，即排放速率＝排放量/作业时间。

4.1.2.2 突发大气环境污染事件调查

突发大气环境污染事件是指由于发生因意外因素或不可抗力因素引发的自然灾害，或由于违反环境保护相关法规的经济、社会活动与行为，导致在瞬时或短时间内向大气排放相当数量有毒、有害污染物质，致使大气环境受到严重污染，并对人民生命财产和社会经济造成损失的恶性事件。对突发大气环境污染事件的调查工作主要包括四个方面的内容。

（1）对突发污染事件的类型、发生时间、发生地点，事发地的气象条件、地形地貌和周边情况等信息的调查。以上信息的调查工作可通过实地踏勘、人员访谈和资料收集等方式完成。调查过程中需详细记录事件的发生时间、发生地点、发生事故单位的名称及联系方式等内容。通过现场调查对污染事件和污染源的类型进行判定，污染事件类型包括但不限于污染物泄漏、爆炸、火灾等事故导致的大气环境污染；污染源类型则分为固定污染源（工业企业通过排气筒排放等）和移动污染源（交通运输工具运行过程中排放等）两大类。事发地气象参数主要包括气温、气压、风向、风速、相对湿度等。地形地貌信息主要包括地面粗糙度、建筑群分布、山地分布情况等信息。周边情况包括事故发生地点周围居民区和人群活动情况等。

（2）污染事件发生的原因调查。通过调查，确定污染事件发生的原因是自然原因还是人为原因,并找出具体原因,如是人为导致的,则需要调查具体操作或过程等。

(3)对污染物的种类、排放量、毒性等级、可能的迁移转化方式等信息进行调查。根据污染源类型、涉及的原材料、产生污染的方式(泄漏、爆炸或燃烧等)对污染物种类进行识别,具体分为以下三种情况:①对由固定源引发的突发大气环境污染事件,通过对引起突发大气环境污染事件的固定源企业或工厂相关人员(如管理人员、技术人员和设备使用人员等)进行调查询问,以及对引发事故的设备、原辅材料、生产的产品以及事故发生位置等信息进行调查,同时采集事故现场有代表性的污染源样品,对主要污染物种类和需要纳入监测的项目进行鉴定和确认。②对由移动源引发的突发大气环境污染事件,通过询问相关人员(如货主、押运员、驾驶员等),以及查看被运送危险废物或化学品的外包装、准运证、押运证、相关人员上岗证和驾驶证、押运工具车号(或船号)等信息,对运输危险化学品的名称、数量、来源、生产或使用单位等信息进行调查,同时采集事故现场具有代表性的污染源样品,对污染大气环境的主要污染物种类和需纳入监测的项目进行鉴定和确认。③针对未知污染物的突发大气环境污染事件,确定主要污染物种类和监测项目的主要方式有以下几种:对事故现场一些较明显的特征,如污染物气味、颜色、挥发性、遇水的反应特性及对周围环境和植被的影响等情况进行现场勘察,初步确定主要污染物种类和需要纳入监测的项目;如有导致人或动物中毒的情况发生,可根据人或动物中毒反应的症状表现,初步确定主要污染物种类和需纳入监测的项目;对事故现场周围情况进行调查,查阅可能产生污染的排放源的生产、环保、安全记录等资料,初步确定主要污染物种类和需纳入监测的项目;通过便携式监测仪器对有代表性的污染源样品进行现场采样和快速分析,确定主要污染物种类和需纳入监测的项目;或通过将有代表性的污染源样品送入实验室,采用化学或仪器分析方法进行分析后,确定主要污染物种类和需纳入监测的项目。根据《化学品分类和标签规范 第18部分:急性毒性》(GB 30000.18—2013)对污染物的毒性等级进行判定。

突发大气环境污染事件发生后,要及时开展应急监测工作,主要监测内容为污染物种类、浓度及污染范围。以事故发生地点为中心在下风向对大气污染物进行监测,采样点按照一定间隔的扇形或圆形进行布设,采样高度根据污染物特征进行设置并在不同高度分别进行采样,与此同时应设置对照点,对照点应在事故发生地上风向选择合适位置进行布设;此外,还应在可能受污染事故影响的人群活动区或居民住宅区等环境敏感区合理设置采样点,采样过程中应根据风向变化情况对采样点位置进行及时调整。如有可能,尽量携带应急监测系统(配备电化学式气体传感器、便携式红外光谱测定仪、便携式气相色谱/质谱分析仪等快速检测设备),力求在突发大气环境污染事件发生后在事故现场对污染物进行快速鉴定和鉴别,并获得定性、半定量或定量等指示性检测结果。在具备现场测定条件的情况下,应尽量对能进行现场测定的监测项目进行现场快速测定,如有必要,应另外采集一份样品送往实验室进行检测,从而对现场测定的定性、半定量或定量结果进行验证。可在各种环境空气污染物监测方法中选择合适的方法对大气污染物进行采样和监测。进行应急监测时采样频次的确定依据主要为现场污染状况,突发事件刚发生时,可适当增加采样频次,待初步确定污染物的时空变化规律后,可适当降低采样频次。

突发大气环境污染事件的污染物排放量无法通过直接测定获得,因此可根据产排污系数法进行计算,具体计算公式参见 4.1.2.1 节。

污染物可能的迁移转化特征则可通过对污染物理化性质、突发事件发生时及发生后的气象条件(气温、气压、湿度、风速、风向、光照等)进行分析来推测,或可通过模型模拟此次突发大气环境污染事件中大气污染物的传输与扩散路径和特征进行预测。各类模型的适用情景及选择原则可参照《环境影响评价技术导则 大气环境》(HJ 2.2—2018)中的相关说明。

(4)应急处置工作相关资料。应急处置工作相关资料包括对参与应急处置工作的机构进行登记,记录各机构的职责分工,详细记录应急处置工作方案的内容,获取详尽的应急监测数据等信息。这些信息的获取可为后续鉴定评估报告的撰写提供一定的参考。

4.1.3　评估区域大气环境质量状况调查

这部分调查的主要内容包括:获取与受损大气环境相关的监测数据等文字资料,监控录像等音像资料,以及航拍图片、遥感影集等影像资料;根据环境监测的历史数据等资料对评估区域内大气环境质量的变化情况进行分析。

4.2　大气环境基线确定

2021 年 1 月 1 日开始实行的《生态环境损害鉴定评估技术指南　总纲和关键环节　第 1 部分:总纲》(GB/T 39791.1—2020)中对基线的定义为:污染环境或破坏生态未发生时评估区生态环境及其服务功能的状态。大气环境基线则是指在发生污染大气环境的行为前,作为评估对象的区域内大气环境质量所处的水平或状态。准确判定大气环境基线是对大气环境损害事实进行确定的关键,是大气环境损害调查工作的重要内容。当评估区域内大气污染物在环境空气中的浓度超过基线水平 20% 以上时即可确定为大气环境损害。确定大气环境基线的主要方法有:历史数据法、区域对照法、参照标准法和模型模拟法。目前我国生态环境损害司法鉴定领域主要运用前三种方法对大气环境基线进行确定,模型模拟法目前在大气环境基线确定领域的应用尚不成熟。因此下文主要介绍前三种方法。

4.2.1　历史数据法

历史数据法是以大气环境污染事件发生之前的大气环境状态为参照,利用大气环境污染事件发生之前能反映评估区域大气环境质量状况的历史数据(如近三年同期数据)等对大气环境基线进行确定的方法。历史数据包括常规空气质量监测数据、专项调查数据、学术研究获取的数据、环评文件资料中的数据等,这些数据往往能反映大气环境污染事件发生之前评估区域环境空气质量的历史状态。历史数据法是最为理想的大气环境基线确定方法,采用该方法确定的大气环境基线水平相对比较准确。

环境空气质量的基本观测数据主要包括常规污染物(SO_2、NO_2、CO、O_3、PM_{10} 和 $PM_{2.5}$)的观测数据,其他污染物观测数据主要包括 TSP、NO_x、Pb 和苯并[a]芘等的数据。若历史数据中包含污染事件中除以上物种以外的污染物监测数据,则应将这部分数据也纳入统计。对历史数据进行统计分析的方法及要求参照《环境空气质量评价技术规范(试行)》(HJ 663—2013)或《环境影响评价技术导则 大气环境》(HJ 2.2—2018)的相关规定。

历史数据法一般是将大气环境污染事件发生前后的同类型污染物指标观测数据进行对比,从而确定大气环境基线。但是,在实际观测中,环境监测数据质量可能存在一定问题,且空气环境质量常常容易受到外界环境或未被发现的环境污染事件的影响,因此想要获取能反映实际情况的长期历史数据难度很大。为尽可能使获取的历史数据接近实际情况,应将历史数据的收集范围尽量扩大,从而确保能收集到相对完整的历史数据;此外,还应对获得的历史数据进行筛选,判断数据的总体利用价值。大气环境状况的变化具有明显的随机性,但大气中各污染物浓度变化的趋势和规律也能在历史数据不足时发挥一定作用。除此之外,还应保证各项环境指标观测数据的采集方式与污染物类型和浓度相适应。在将大气环境污染事件发生后的污染物观测数据和历史数据进行横向对比时,应将其他与污染事件无关的影响因素排除在外,分析数据的差异和统计结果使其能准确反映评估区域环境质量状况的变化情况,在此基础上根据其变化范围确定评估区域的大气环境基线。

采用历史数据法确定大气环境基线的基本步骤如下:基本情况调研→收

集历史数据→筛选、分析评估数据→确定大气环境基线。

4.2.2 区域对照法

区域对照法选取未受大气环境污染事件影响的相似区域作为对照区域，利用对照区域的历史观测数据或现场观测数据对评估区域大气环境基线进行确定。在对由大气污染行为引起的大气环境损害鉴定评估中，对照区域应与评估区域具有可比性，对照区域应选择未受到大气污染事件影响的区域，且该区域应具有与评估区域相似或相同的气象条件、地理特征、污染源分布特征、生态环境特征等。如果满足以上条件的对照区域与评估区域之间的距离较近，则应选择位于评估区域常年主导风向上风向的区域作为对照区域。除此之外，大气环境基线对照区域的观测数据应与评估区域数据一样，采用相似或具有可比性的数据获取方法，且应确保数据具有良好的准确性和时效性。

采用区域对照法确定大气环境基线的一般步骤：基本情况调研→现场勘察→对照区域确定→深入调查分析→确定大气环境基线。

4.2.3 参照标准法

参照标准法参照的是适用的相关环境标准，即将国家或评估区域所在地方相关法规或环境标准的规定基准值作为评估区域大气环境基线，用评估区域监测数据与标准规定值之间的差异对大气环境损害的程度进行衡量。在环境标准的选择方面，应以包括国家、行业或地方大气环境质量标准在内的现行有效的大气环境质量标准为首要选择；若评估涉及的污染物未包含在以上标准中，则可以《工业企业设计卫生标准》(GBZ 1—2010)中所规定的相应值作为参照，或以合适的国际标准作为参照标准。

以环境标准规定值作为大气环境基线水平是确定大气环境基线的方法中最简单方便的方法,但采用该方法时应注意以下问题:首先,环境标准是一定时期内国家法律法规、方针政策和经济水平等状况的反映,所以,环境标准一般具有一定的时效性,呈现出动态变化的特点,会随着经济社会不断发展和科学技术不断进步而逐步得到完善。其次,我国与大气环境相关的标准种类繁多,据初步统计,截至 2023 年,我国制定了多达 36 项国家大气污染物排放标准,在运用这些环境标准确定大气环境基线的过程中,应充分考虑各种标准之间的关系,选择符合实际情况的环境标准。最后,我国目前的大气污染物排放标准体系所包含的内容尚不全面,所涉及要控制的污染物种类还不能完全满足当前大气环境损害鉴定评估工作的需求。所以在实际应用中,常常要参照国外的环境标准,当以国外环境标准为参照确定大气环境基线数据时,应作出一定说明,原因是我国现行环境标准数值与国外标准一般存在较大差距。

国内第一例与大气环境污染相关的环境公益诉讼案——中华环保联合会与德州晶华集团振华有限公司之间的大气污染环境责任纠纷案,是以环境标准确定大气环境基线的典型应用案例。该案件中以 SO_2、NO_x 和烟尘等大气污染物排放的标准限值作为大气环境基线,以德州晶华集团振华有限公司超标排放事实为基础,确定了超标排放造成生态环境损害的事实。

在选择大气环境基线确定方法时,应首先考虑数据是否充分:当确定大气环境基线所需数据充分时,应将历史数据法和区域对照法作为优先选择的方法,如果以上两种方法不可行,则考虑采用参照标准法,且该方法的应用仅限于污染大气行为发生前、大气环境质量处于达标状态的情形;当确定大气环境基线所需数据不充分时,可考虑将不同基线确定方法进行综合利用并相互验证。

第5章　大气环境损害因果关系分析

因果关系分析是环境损害鉴定评估中的重点和主要难点之一,准确、科学地对污染环境行为与生态环境损害或人民财产损害之间的因果关系进行判定,对于赔偿金额的确定以及相关案件判决的顺利进行有着重要意义。

针对大气环境损害进行因果关系分析有两个重要前提:一是污染大气环境行为和大气环境损害事实明确存在;二是污染大气环境行为的发生与大气环境损害事实之间存在明显的时间先后顺序,即先发生污染大气环境的行为,后出现大气环境损害的事实。大气是具有自净能力的环境介质,而针对大气的环境损害行为对大气的影响往往具有一定的滞后性、累积性,导致损害的物质和途径均是复杂多样的,需对造成的人、财、物具体损失价值进行严谨、科学的论证。但大气污染物与大气环境损害之间的因果关系往往难以理清,因此大气环境损害鉴定工作中的因果关系分析工作难度往往比较大。在我国,对于因果关系的推定方法并没有相关立法规定,因此,在我国的司法实践过程中,对于大气环境污染侵权案件中的因果关系判定方法并不存在统一标准,部分案件依据举证责任倒置原则或因果关系推定原则来对证据责任进行分配。

目前在大气环境损害因果关系判定的主要工作内容中,具有一定可操作性的分析有大气污染物同源性分析、大气污染物迁移路径的合理性分析及大气污染物导致环境损害发生的可能性分析三部分内容。

5.1 大气污染物同源性分析

大气污染物同源性分析工作主要包括以下内容:通过采样分析手段对污染源及大气环境中污染物或次生污染物的种类、理化特征、元素成分、同位素丰度等进行分析,对污染物是否来自大气环境污染的行为进行初步判定,对大气污染事件发生地排放或泄漏的污染物成分和浓度进行检测,并对评估区域内的环境污染状况进行调查,从而分析大气环境中的污染物是否和污染源排放的污染物具有同源性。目前常采用的大气污染物同源性分析方法主要包括源成分谱分析法、因子分析法、同位素分析法和卫星遥感技术等。

5.1.1 源成分谱分析法

源成分谱分析法是指通过对污染源进行采样,对其中的化学组分进行分析,确定污染源排放污染物的化学组成特性和标示性元素,以此为基础建立相应的成分谱数据。污染源成分谱反映的是排放源排放的污染物的化学组成特点以及污染物各组分的相对贡献,是对排放源进行识别和示踪以及对污染物排放量进行估算的重要信息。通过对污染源建立特征源成分谱,再对评估区域环境空气进行采样分析,将环境空气中污染物的化学组成特征与源成分谱进行对比,并对源成分谱中的标识元素是否存在于环境空气中进行验证,以此判定环境空气中污染物与污染源排放的污染物是否具有同源性。源成分谱分析法的重要应用之一是用于受体模型中的化学质量平衡(CMB)模型,受体模型在实际应用过程中不考虑污染物的迁移过程,亦不受污染源排放条件、气象、地形地貌等因素的影响,而是通过分析受体点和污染源污染物化学成分谱对污染源排放污染物各组分浓度的贡献进行推算。

5.1.2　因子分析法

因子分析法最早应用于对气溶胶的研究中,此后更广泛地应用于以大气颗粒物为典型代表的大气污染物源分析工作中。因子分析法主要分为主因子分析法、正定矩阵因子分解法等。因子分析法的基本原理如下:默认跟污染源有关的各变量之间有某种相关性存在,即通过对污染元素之间进行相关性分析,确定其中是否存在同源关系,大气污染物之间若有相似成因则往往具有较强的相关性。

主因子分析法又叫主成分分析法(principal component analysis,PCA),是一种通过正交变换将多个可能有相关关系的变量投影转换成多个线性不相关变量的统计学方法。在污染物源分析过程中,在默认跟污染源有关的各变量之间均存在某种相关性的基础上,以最大程度保留原有变量指标所包含的信息为前提,将原来的多个变量用少数几个综合变量(主因子或主成分因子)进行近似代替,并计算各主成分因子的因子载荷,最后结合对污染源的认识对污染源的类型进行判别。在将主成分分析法应用于大气环境损害鉴定评估工作的因果关系分析时,所需要呈现的结果是已知污染源对评估区域内环境空气中污染物的贡献大小。

正定矩阵因子分解法(positive matrix factorization,PMF)是一种多元因子分析方法,可以在污染源成分谱未知的情况下,通过样品浓度估计污染物的来源。该方法假设原始浓度矩阵 X 为 $n \times m$ 矩阵(n 为样品数,m 为化学成分数目),那么 X 可被分解为两个矩阵 $G(n \times p)$ 和 $F(p \times m)$(p 代表分析出的因子数目),如式(5.1)所示:

$$X = GF + E \qquad (5.1)$$

式中,G——$n \times p$ 矩阵,表示污染源的载荷;

　　　F——$p \times m$ 矩阵,表示污染源的源谱;

E——参数矩阵，表示数据中未能解释的部分。

PMF 的目标是要得到最小总方差，总方差（Q）的计算公式如式（5.2）所示：

$$Q = \sum_{i=1}^{n} \sum_{j=1}^{m} \left(\frac{e_{ij}}{S_{ij}} \right) \tag{5.2}$$

式中，e_{ij}——随机误差；

S_{ij}——不确定度。

5.1.3 同位素分析法

同位素分析法的基本原理是：自然的和人为的化学反应过程中会发生同位素分馏现象，从而导致同一种元素在有机物和无机物中表现出不同的同位素组成特征，因此可以利用同位素组成对化学元素生物地球化学过程的变化进行标识。同位素分析法是开展污染源分析研究的一种有效的技术手段。近年来，同位素分析法在大气污染物的源分析工作中发挥了越来越重要的作用，碳、氮、硫、硅、铅、汞等稳定同位素分析均可应用到大气污染物排放源的有效识别中。同位素分析法的优点主要有测量精密度高、测量结果的准确性高、测量误差小等。

基于稳定同位素分馏作用形成的大气颗粒物各排放源同位素指纹为大气颗粒物的精准溯源打开了新的研究思路。与大气环境中性质较不稳定的传统稳定同位素相比，非传统稳定同位素对大气颗粒物的来源分析具有更重要的价值。多接收器电感耦合等离子体质谱仪等先进检测设备的快速发展为非传统稳定同位素的高精准分析奠定了坚实的基础。目前已经成功建立了针对大气颗粒物中硅、锶、铁、锌、铜、钕、铅、汞、碘等 9 种元素的高精准同位素比值分析方法，而且以上元素的同位素均在作为大气颗粒物溯源的有效指示物方面表现出了巨大潜力。不过，目前关于利用非传统稳定同位素分析技术对大气颗粒物进行来源分析的研究工作还处于筛选有效指示物的阶段，并且缺乏有效的数学模型对大气颗粒物来源进行定量评估，因此非传统稳定同位素在污染物来源识别中的应用可作为未来大气污染物同源性分析研究的一个发展方向。

5.1.4　卫星遥感技术

与地面站观测相比,卫星遥感技术往往能对大范围内大气污染物的空间分布进行快速监测。利用卫星遥感技术对大气污染物进行来源分析时,往往可以获得大尺度区域范围的大气污染物浓度和空间分布遥感图像。根据遥感图像进一步提取污染物浓度按地理分度的等值线图,可更加方便、直观地反映出污染物浓度连续动态变化的特征,再通过与环境大气采样监测分析相结合,可以鉴别出主要大气污染物的类型及其空间分布和变化规律,从而判断污染物的主要来源。

5.2　大气污染物迁移路径的合理性分析

可采用合适的模型来对大气污染物的迁移路径进行模拟,即将气象、地形等数据输入模型中,模拟污染物在大气中扩散、输送、转化和清除等物理、化学机制,以及采用空间分析等方法对大气污染物的迁移输送方向、扩散影响范围、浓度变化情况等进行分析,从而验证迁移路径的合理性。

大气污染物的扩散具有预期性差的特点,污染源将污染物排放到大气后,污染物类型、气象条件、地形地貌条件等因素对污染物在大气中的扩散、传输、转化等路径均能产生十分重要的影响,因而大气污染物的扩散传输过程显得极其复杂。此外,大气污染过程具有相当强的动态性和隐蔽性,对大气污染物开展实时动态监测的成本和难度均很高,因此,要通过实时监测的方式准确判断大气污染物的迁移方向及迁移路径难度较大。根据《环境损害鉴定评估推荐方法(第Ⅱ版)》的规定和推荐,对大气环境损害的可能范围进行初步确定时可采用模型预测或遥感分析等方法,而对因果关系的判定则在以上基础上进行,再对生态环境损害的空间范围进行最终确定。因此,在对大气污染物到达评估区域的可能性进行判定时,可使用空间分析、扩散模型等方法对大气污染物的浓度变化、迁移方向、影响范围等情况进行分析。

分析大气污染物到达评估区域的可能性可采用以下两种方式:①源模型模拟方式,即从污染源出发,对污染物进行识别,利用空气质量模型模拟大气污染物的影响范围,并对大气污染物的最大落地浓度、影响范围进行计算,从而对大气环境损害的范围和程度进行确定。②受体模型模拟方式,即从受体出发,根据受体的相关特点对污染源进行追溯和推断。利用后向轨迹模型并结合受体中大气污染物监测数据、气象数据、卫星遥感数据等资料,可对大气污染物的扩散、传输过程进行模拟,从而对大气污染物的来源进行追溯和推断。此外,利用后向轨迹模式结合气象数据、卫星遥感数据、地面观测数据进行模拟的方法可对重污染条件下大气污染物的来源进行初步探索。

5.2.1　空气质量模型

采用空气质量模型对大气污染物迁移路径进行模拟时,应充分考虑预测范围、污染源排放形式、污染物性质及特殊气象条件等因素,可在《环境影响评价技术导则　大气环境》(HJ 2.2—2018)所推荐的模型中进行合理选择。

(1)选择模型时应考虑模拟尺度的大小,模拟尺度一般可以分为以下三类:局地尺度,模拟范围小于 50 km;城市尺度,模拟范围为几十千米到几百千米;区域尺度,模拟范围在几百千米以上。在对局地尺度环境空气质量影响进行模拟时,通常选择《环境影响评价技术导则　大气环境》(HJ 2.2—2018)推荐的估算模型 AERSCREEN、进一步预测模型 AERMOD、ADMS、AUSTAL 2000 等模型;在对城市尺度环境空气质量影响进行模拟时,通常选择 CALPUFF 模型;在对区域尺度空气质量影响进行模拟或需考虑对二次

$PM_{2.5}$ 及 O_3 有显著影响的排放源时,通常选择将复杂物理、化学过程包含在内的区域光化学网格模型。

(2)选择模型时应考虑污染源排放污染物的形式。按照排放形式可将污染源分为点源(含火炬源)、线源、面源、体源、网格源等;按照排放时间是否连续可将污染源分为连续源、间断源、偶发源等;按照排放的运动形式可将污染源分为固定源和移动源两类,其中移动源又可分为道路移动源和非道路移动源。除此之外,还存在一些比较特殊的排放形式,比如机场源和烟塔合一源等。AERMOD、ADMS 及 CALPUFF 等模型可直接模拟点源、线源、面源、体源,AUSTAL2000 可模拟烟塔合一源,EDMS/AEDT 可模拟机场源,光化学网格模型的运用则需要以网格化污染源清单为基础。

(3)选择模型时应考虑污染物的性质。根据污染物的性质不同,从存在形态上可将大气污染物分为颗粒态污染物和气态污染物,从形成过程角度可将大气污染物分为一次污染物和二次污染物。当运用模型对 SO_2、NO_2 等一次污染物进行模拟时,选择模型时首先应考虑模型的模拟尺度。当对二次污染物 $PM_{2.5}$ 进行模拟时,可采用系数法进行估算,或选用包括物理过程和化学反应机理模块的城市尺度模型。在对二次污染物 $PM_{2.5}$ 和 O_3 进行模拟时,也可根据实际情况选择区域光化学网格模型。

(4)模型选取时还需考虑特殊气象条件。比如:①岸边熏烟。当排放污染物的高烟囱位于近岸内陆时,应将岸边熏烟问题纳入考虑范围。由于水面和陆面之间存在辐射差异,水陆交界地带的大气由地面不稳定层结过渡到稳定层结,当稳定层内的大气污染物接触到不稳定层结时将有熏烟现象发生,从而在某固定区域的地面形成高浓度污染区域。在边界层气象数据缺乏或数据的精确度和详细程度无法真实反映评估区域边界层特点时,可选用估算模型 AERSCREEN 获得近似的模拟浓度,或者选用 CALPUFF 模型。②长期静、小风气象条件。长期静、小风指的是连续几小时到几天内保持静风和小风的情况,在这种气象条件下,由于扩散条件较差(尤其是低矮排放源排放的污染物），污染物可能会在地面附近累积从而导致地面污染物浓度相对较高。CALPUFF 模型对静风湍流速度做了处理，当模拟长期静、小风气象条件下城市尺度以内的环境空气质量时，可选用 CALPUFF 模型。

推荐模型的说明、模型的执行文件、用户手册以及技术文档等资料均可通过访问环境质量模型技术支持网站（http://data.lem.org.cn/eamds/apply/tostepone.html、http://www.craes.cn）进行下载。各模型的适用情况、数据前处理等要求参见《环境影响评价技术导则 大气环境》（HJ 2.2—2018）。

5.2.2 后向轨迹模型

后向轨迹模型即拉格朗日混合单粒子轨道模型（hybrid single particle Lagrangian integrated trajectory model，HYSPLIT），由美国国家海洋和大气管理局的空气资源实验室和澳大利亚气象局共同研发，起初专门应用于对大气环境中细微颗粒物的传送轨迹进行模拟，是一种能对多种气象输入场、多种物理过程和不同类型排放源进行处理的较完整的扩散、输送和沉降的综合模型。后向轨迹模型能对大气污染物的扩散和传输轨迹进行模拟，在关于大气污染物扩散和传输的相关研究中得到了广泛应用。

后向轨迹模型包括后向传输模型和前向扩散模型两种形式。后向传输模型是对被研究区域的大气移动传输轨迹进行模拟，主要应用于污染物来源分析。前向扩散模型是对目标区域气流流向进行模拟的一种形式，其主要作用是分析目标区域气态或者颗粒态污染物对其他区域的影响，是对气体扩散轨迹的预测。

在实际应用中，通过后向传输模型模拟的轨迹线往往不止一条，为了满足研究的需要或提高模拟结果的准确性，通常会模拟出多条轨迹线，在这种情况下，为了方便研究并找到模拟结果的规律，要对模拟结果进行聚类分析。聚类分析是针对多个要素（或多个变量）进行数据简化的一种客观分类方法，这种方法根据可以客观反映样本之间远近关系的统计量将样本分成相对同质的若干类。基于气流轨迹的聚类分析是将大量轨迹依据气流在空间上的相似度(传输速度和方向)进行分组的方法。聚类分析方法中比较常用的有系统聚类法和非系统聚类法,其中系统聚类法使用得较多。系统聚类法定义聚类类别的依据是样本之间的距离,先将所有类别分成不同的 n 类,将距离最近的两个类先聚为一类从而成为 $n-1$ 类,再把距离相近的类进行同类合并从而成为 $n-2$ 类,按照以上原则,依次把所有的类进行合并直到数据完全归于一个大类,称之为簇。后向传输模型能够根据簇的差异对影响研究区域的气团传输方向进行判定。

5.3　大气污染物导致环境损害发生的可能性分析

对大气污染物导致环境损害发生的可能性进行的分析主要包括以下内容:对大气污染物暴露与生态环境损害之间的关联性进行分析,阐明污染物暴露导致生态环境损害的可能作用机理;建立污染物暴露与生态环境损害之间的剂量-反应关系,并与环境介质中污染物浓度、生物内外暴露量等信息相结合,对生物在某种程度暴露水平下产生损害的可能性进行分析判断。人们可根据生物学、毒理学等理论对生态环境损害的机理作出合理的解释,在相关研究中,应针对不同时间、地点和研究对象对大气污染物暴露与生态环境损害间的关联性进行重复性验证。探究大气污染物导致环境损害发生的可能性的分析方法主要有文献查阅法、专家咨询法和生态实验法等。

5.3.1　文献查阅法

文献查阅法是指通过查阅国内外已有的相关文献,梳理和总结大气污染物对生物资源的影响及其表现症状,如种群密度、疾病、生理障碍、死亡率等;

对损害状况进行调查,再通过比较调查结果与查阅结果来确定大气污染物与生态环境损害的关联性。在对污染物的同源性进行确定后,可通过文献查阅法对相关信息进行有效判断。文献查阅法可单独使用,也可将其与其他方法联用。因此,文献查阅法是分析污染物导致环境损害发生可能性的重要方法。例如:为了判定某玻璃制品厂排放的含氟废气是否对附近农作物造成损害,就可以通过查阅文献了解植物受到气态氟化物影响时所表现出的症状,从而确定两者之间的关联性。

5.3.2 专家咨询法

专家咨询法主要是利用专家的知识、经验和分析判断能力对大气污染物导致环境损害发生的可能性进行分析,是一种简单易行、应用方便的方法。以全国首例大气污染责任纠纷案件为例,在缺乏有力证据证明大气污染行为导致环境损害发生的情况下,通过专家表述"SO_2、NO_x 及烟粉尘是形成酸雨的重要前体物,这些污染物的超标排放肯定会对财产及人身造成损害,进而对生态环境造成损害",证明了 SO_2、NO_x 及烟粉尘超标排放的行为与生态环境损害事实之间存在关联性。

5.3.3 生态实验法

生态实验法的重点是在实验室内开展模拟实验,即在实验室内设置与评估区域相同或类似的环境条件,并设置不同质量浓度的大气污染物,观察在不同胁迫条件下生物资源的症状表现,如观察植物叶片受损症状、观测植物叶绿素含量等生理生态指标等;根据模拟实验的结果建立大气污染物暴露与生态环境损害之间的剂量-反应关系,并与环境介质中污染物浓度、生物内外暴露量等信息相结合,对生物在某种程度暴露水平下产生损害的可能性进行分析、判断。生态实验法是一种很有效的分析方法,但在实际操作或验证过程中,定量关系的结果往往会因大气污染物的动态性以及实验室模拟条件的局限性而受到较大影响。

5.3.4　时间序列分析法

时间序列分析法是目前进行大气污染对于人体健康影响研究的重要方法。通过收集连续时间的大气污染物浓度以及健康结局的数据,同时剔除已知协变量的影响,利用广义线性模型或分布滞后模型等时间序列分析方法构建污染物浓度与健康结局之间的暴露响应关系(见图 5.1～图 5.5),进而识别大气污染物对人体健康可能存在的危害。时间序列分析法可以表征大气污染物与人体健康危害之间的关系,但由于受到潜在协变量的影响,其结论不能表明污染物浓度与人体健康损害之间的因果关系。

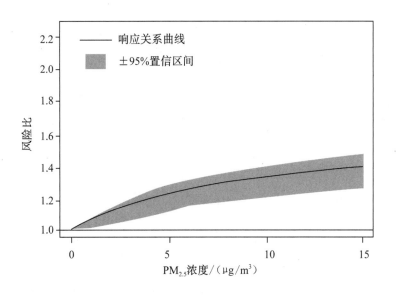

图 5.1　$PM_{2.5}$ 暴露浓度与非意外死亡风险比之间的浓度响应关系图

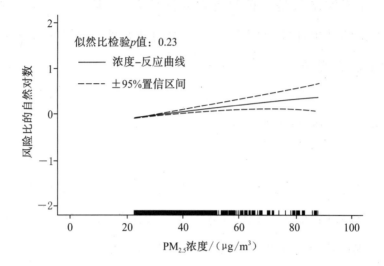

图 5.2　PM_{10}暴露浓度与非意外死亡风险比的自然对数之间的浓度-反应曲线

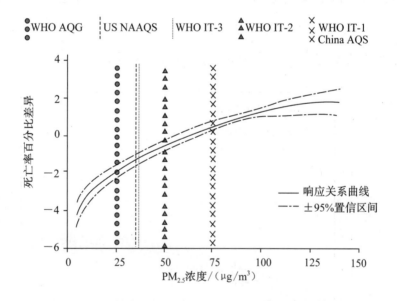

WHO AQG—世界卫生组织空气质量准则；US NAAQS—美国国家环境空气质量标准；IT-1、IT-2、

IT-3—阶段性目标 1、2、3；China AQS—中国环境空气质量标准；纵轴表示受混合平均效应影响的死亡

率百分比差异；纵轴的 0 值表示混合平均效应；曲线低于 0 的部分表示估计值比平均效应小。

图 5.3　$PM_{2.5}$的 24 小时平均浓度与逐日非意外死亡率之间的浓度响应关系图

（基于全世界 652 个城市的综合数据）

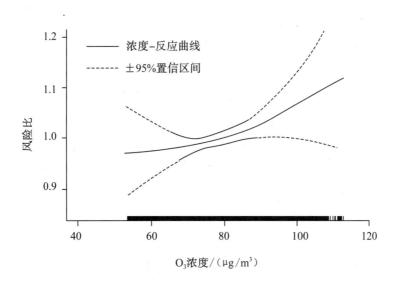

图 5.4　高峰季节、长期 O_3 暴露浓度与非意外死亡风险比之间的浓度-反应曲线

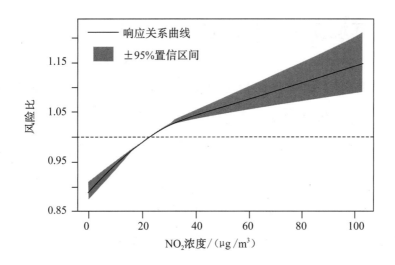

图 5.5　长期 NO_2 暴露浓度与非意外死亡率风险比之间的暴露响应关系(以加拿大为例)

第6章 大气环境损害量化

大气环境损害量化工作主要包括大气环境损害实物量化和价值量化两部分内容。

6.1 大气环境损害实物量化

大气环境损害实物量化的指标是大气中污染物的浓度。对大气环境损害进行实物量化具体来说就是综合利用现场调查、环境监测、遥感分析和模型模拟等方法，对大气污染物扩散迁移的影响范围和受损大气的环境质量状况进行评估，对受损大气环境质量状况与大气环境基线之间的差异进行对比，从而确定大气环境受到损害的范围和程度。

对大气环境损害进行实物量化的具体工作内容如下：首先对大气环境损害调查过程中所获取的大气污染物排放数据进行总结分析，再结合因果关系分析过程中由模型模拟所得到的污染物迁移方向和轨迹、影响范围、浓度空间变化等结果，对大气污染物扩散迁移的影响范围和受损大气的环境质量状况进行判定，再将受损大气环境质量状况与大气环境基线进行对比分析，从而对大气环境污染事件造成大气环境损害的程度和范围进行量化。

6.2　大气环境损害价值量化

通常情况下,对大气环境损害价值进行量化所采用的计算方法是虚拟治理成本法。虚拟治理成本法主要适用于以下三种情形:①存在污染物排放事实,但是由于未及时进行生态环境损害观测或应急监测等原因导致无法明确损害事实或受到损害的生态环境已自然恢复;②通过实施恢复工程仍无法得以完全恢复的生态环境损害;③恢复工程的实施成本远高于其带来的收益的情况。而污染大气环境行为所致的大气环境损害往往无法通过恢复工程进行恢复,或可通过大气环境自身的稀释作用自行恢复,因此大气环境损害价值的量化通常采用虚拟治理成本法,所涉及的费用主要包括虚拟治理成本、其他相关费用等。

6.2.1　大气污染物排放量的确定

虚拟治理成本法计算大气环境损害价值的过程中涉及的关键参数是排污单位的大气污染物排放量,大气污染物排放量的准确定量对于虚拟治理成本法的计算至关重要。虚拟治理成本法中的大气污染物排放量指的是排污单位排放大气污染物时超出排污许可要求的排放量或突发环境污染事件中排放的大气污染物总量。大气污染物排放量的计算方法主要包括实测法、物料衡算法、排污系数法等,在能获取有效监测数据的情况下优先考虑采用实测法,其次考虑采用物料衡算法、排污系数法。确定大气污染物排放量的方法和原则已在 4.1.2.1 节中有详细介绍。

6.2.2　大气污染物单位治理成本的确定

大气污染物单位治理成本指的是工业生产企业或专业污染治理企业对

单位废气或单位特征污染物进行治理所产生的费用,具体包括能源消费、药剂费、管理费、设备维修费、人员工资等污染治理设施运行费及固定资产折旧费等相关费用。不同类型污染物的单位治理成本一般可通过实际调查法和成本函数法来获得,在条件允许的情况下应优先考虑使用实际调查法。单位治理成本的取值应为评估期近 3 年的平均费用,如无法收集到完整的 3 年数据,可用 3 年内与评估期实际情况最相近的任意一年数据作为替代。

实际调查法是指通过对大气污染事件发生地点周边区域同行业拥有相同或相近产品类型、生产工艺、污染治理工艺的企业进行实际调查,从而获取其治理相同或相近大气污染物能满足稳定达标排放需求的污染物平均单位治理成本。在实际调查过程中,首要考虑因素是调查企业与评估企业具有相同产品类型和能满足稳定达标排放需求,次要考虑因素是调查企业与评估企业位于相同或邻近地区,再次考虑的因素是两企业具有相同或相似的生产工艺和污染治理工艺。

利用实际调查法计算大气污染物单位治理成本的公式如式(6.1)和式(6.2)所示:

$$C_i = \frac{\sum\limits_{ij=1}^{n} C_{i,j}}{n} \tag{6.1}$$

$$C_{i,j} = \frac{\lambda F \mu + c(t)}{P_i(t) - E_i(t)} \tag{6.2}$$

式中,C_i ——污染物 i 的单位治理成本(元/t);

n ——实际调查的企业数量,原则上应包括 3 家及以上;

$C_{i,j}$ ——企业 j 治理污染物 i 的单位治理成本(元/t);

λ ——价格指数,通过国家或地方统计年鉴获取,反映物价水平变化;

F ——调查企业购置污染处理设施等固定成本(元);

μ ——折旧系数;

c ——调查企业污染处理设施的运行费用(元);

t —— 调查企业污染处理设施的运行时间；

P_i —— 调查企业污染物 i 的产生量(t)；

E_i —— 调查企业污染物 i 的排放量(t)。

当调查样本量足够大时可采用成本函数法计算污染物的单位治理成本，具体操作是：利用大量调查数据建立典型行业废气或特征污染物的治理成本函数模型，利用该模型对满足稳定达标排放需求的单位污染物平均治理成本进行计算，并以该值作为最终使用的污染物单位治理成本。

6.2.3　大气污染物虚拟治理成本的确定

当评估对象只涉及单一大气污染物时，其虚拟治理成本为单位治理成本与该大气污染物排放量的乘积；当涉及的污染物种类超过 1 种时，可根据式(6.3)对其虚拟治理成本进行计算：

$$E = \sum_{i=1}^{n}(Q_i \times C_i) \tag{6.3}$$

式中，E —— 大气污染物虚拟治理成本(万元)，当涉及的污染物种类超过 3 种

时，取 3 个最大的虚拟治理成本数额进行加和；

Q_i —— 污染物 i 的排放量(t)；

C_i —— 污染物 i 的单位治理成本(万元/t)；

n —— 评估涉及的大气污染物种数，最大取 3。

6.2.4　其他必要合理费用

其他必要合理费用主要发生在突发性大气环境污染事件引起的大气环境损害价值量化过程中。当突发性大气环境污染事件发生后，应采取必要、合理的措施对环境中的污染物进行阻断、去除、转移、处理，从而减轻或消除污染行为对大气环境的危害。在应急处理过程中进行污染控制、污染清理、

应急监测、人员转移安置等操作产生的费用以实际发生费用为准。

（1）污染控制费用。污染控制包括从源头对污染物排放进行控制或减量，以及采取一定措施防止泄漏到环境中的污染物继续扩散，具体措施有封闭源头、简单吸附处理等。污染控制费用可用下式进行计算：

$$污染控制费用＝材料购置费＋房屋或设备租赁费＋行政支出费用＋$$
$$应急设备维修或重置费用＋专家咨询费$$

式中，行政支出费用指在进行应急处理时产生的人员费、交通费、餐费、通信费、印刷费、水电费以及其他必要的防护费用等；应急设备维修或重置费用指的是在应急处理处置过程中对受到损坏的应急设备进行维修或重置而产生的费用。其中维修成本按维修费用的实际支出值进行计算。重置成本的计算公式如下：

$$重置成本＝重置价值×（1－年均折旧率×已使用年限）×损坏率$$

式中，重置价值指重新购置设备产生的费用（元）；年均折旧率计算公式如下：

$$年均折旧率＝（1－预计净残值率）×100\%/总使用年限$$

（2）污染清理费用。污染清理费用指的是突发性大气环境污染事件发生后清除、处理和处置污染物和受到污染的环境介质以及回收应急物资等过程产生的费用。污染清理费用计算所涉及的项目和计算方法与污染控制费用的相同。

（3）应急监测费用。应急监测费用指的是对突发大气环境污染事件进行应急处理处置时，为调查和评估环境污染情况和环境损害范围而进行采样、监测与检测分析工作所产生的费用。可以按照以下两种方法计算：

方法一：按照应急监测所涉及的费用项进行计算，具体费用项以及计算方法以污染控制费用作为参考。

方法二：按照突发性大气环境污染事件发生所在地区物价部门核定的环境监测、卫生疾控、农林渔业等部门监测项目收费标准和相关规定对费用进行计算。计算公式如下：

应急监测费用＝样品数量(单样/项)×样品检测单价＋

样品数量(点/个/项)×样品采样单价＋交通运输等其他费用

(4)人员转移安置费用。人员转移安置费用指对突发性大气环境污染事件进行应急处置过程中,疏散、转移和安置受影响和威胁的人员所发生的费用。计算所涉及的费用项目与计算方法可参考污染控制费用。

6.2.5　大气环境损害价值计算

采用虚拟治理成本法对大气环境损害价值进行量化时,还应综合考虑评估区域大气环境功能类别、周边敏感点、大气污染物超标情况、大气污染物的毒性以及对环境的损害程度等因素。大气环境损害价值计算公式如式(6.4)和式(6.5)所示:

$$D = E\gamma \tag{6.4}$$

$$\gamma = (\alpha\beta + \omega)\tau \tag{6.5}$$

式中,D——污染大气行为所致大气环境损害价值,元;

E——大气污染物虚拟治理成本,元;

γ——调整系数;

α——污染物危害系数;

β——评估区域周边敏感系数;

ω——环境功能系数;

τ——超标系数。

用于计算调整系数的各项系数选择或计算方法如下:

(1)污染物危害系数。大气污染物的危害类型、危害类别和危害系数根据表 6.1、表 6.2 以及 GB 30000.18、GB 30000.19、GB 30000.20、GB 30000.21和 GB 30000.27 中所规定的分类标准进行选择和确定。当某种污染物的危害类别超过一种时,选用危害系数最高值进行计算。

表 6.1 污染物的危害类型、危害类别及危害系数

危害类型	危害类别	危害系数 α
吸入危害	类别 1	1.75
	类别 2	1.5
严重眼损伤/眼刺激	类别 1	1.5
	类别 2	1.25
皮肤腐蚀/刺激	类别 1	1.5
	类别 2	1.25
	类别 3	1
呼吸道或皮肤致敏	类别 1A	1.5
	类别 1B	1.25
急性毒性(暴露途径为气体、蒸气、烟雾和粉尘)	类别 1	2
	类别 2	1.75
	类别 3	1.5
	类别 4	1.25
	类别 5	1

表 6.2 常见污染物的危害系数

序号	污染物种类	危害系数 α
1	$PM_{2.5}$、PM_{10}、二氧化硫、氮氧化物、三氧化二砷、铅、四氯乙烯、一氯甲烷、二氯甲烷、甲醇、乙腈、四氯化碳、联苯	1.25
2	一氧化碳、氟化氢、二硫化碳、氯苯、三氯甲烷、环氧乙烷	1.5
3	硫化氢、氯化氢、氰、氯气、苯、甲苯、二甲苯、苯酚、苯乙烯、苯胺	1.75
4	氢氰酸、汞、镉、敌敌畏、对硫磷、光气	2

(2)评估区域周边敏感系数。将大气污染源下风向人群集聚地视为评估区域周边敏感区域,则周边敏感系数可根据敏感区域与大气污染源的最近距离进行选择,具体取值如表 6.3 所示。

表 6.3 周边敏感系数

敏感区域与大气污染源最近距离 y/km	周边敏感系数 β
$y \leqslant 1$	1.5
$1 < y \leqslant 5$	1.2
$y > 5$	1

（3）超标系数。超标系数根据大气污染物排放浓度超过排放标准的倍数进行确定，排放标准包括国家、行业或地方排放标准和综合排放标准等。如果出现超总量排放但排放浓度未超标的情况，则超标系数取 1，具体取值原则如表 6.4 所示。

表 6.4 超标系数取值原则

大气污染物平均排放浓度超标倍数 κ	超标系数 τ
$\kappa \leqslant 2$	1.1
$2 < \kappa \leqslant 5$	1.2
$5 < \kappa \leqslant 10$	1.3
$\kappa > 10$	1.4

（4）环境功能系数。环境功能系数根据评估区域大气环境功能区类型的划分进行选择，取值的基本原则如表 6.5 所示。大气环境功能区类型的确定以现状功能区为准，当无法明确识别评估区域所属大气环境功能区类型时，以相关环境质量标准中的规定为准。

表 6.5 环境功能系数取值原则

大气环境功能区类型	环境功能系数 ω
Ⅰ 类	2.5
Ⅱ 类	1.5

注：Ⅰ 类功能区是指自然保护区、风景名胜区、重要湿地和其他需要特殊保护的区域；Ⅱ 类功能区指居住区、文化区、商业交通居民混合区、工业区和农村地区。

关于大气环境损害价值量化的方法,本书主要参考了生态环境部出台的《生态环境损害鉴定评估技术指南 基础方法 第1部分:大气污染虚拟治理成本法》(GB/T 39793.1—2020)中相关的推荐方法。在以上标准出台之前,福建省质量技术监督局于2017年发布了关于大气环境损害鉴定评估的地方标准《大气环境损害鉴定评估技术方法》(DB35/T 1727—2017),对虚拟治理成本法的应用作出了相应规定,在实际操作中,亦可将该地方标准作为参考,对具体的计算方法和参数进行合理选择。

6.3 大气污染造成生态环境、人身损害或财产损害的量化

6.3.1 生态环境损害实物量化与价值量化

在能确定污染大气环境的行为与其他生态环境损害之间存在明确因果关系的情况下,原则上还应针对这部分生态环境损害进行实物量化和价值量化。

6.3.1.1 生态环境损害实物量化

当大气污染过程中污染物因扩散、迁移、沉降等作用造成其他生态环境损害,如土壤、地下水、地表水污染或植被损害时,应根据《环境损害鉴定评估推荐方法(第Ⅱ版)》《生态环境损害鉴定评估技术指南 总纲和关键环节 第1部分:总纲》(GB/T 39791.1—2020)、《生态环境损害鉴定评估技术指南 环境要素 第1部分:土壤与地下水》(GB/T 39792.1—2020)和《生态环境损害鉴定评估技术指南 环境要素 第2部分:地表水和沉积物》(GB/T 39792.2—2020)等文件中推荐或规定的方法,对相应的生态环境损害程度、范围进行认定。

生态环境损害实物量化过程中,应对评估对象、评估目的、适用条件、数据资料完整程度等情况进行综合考虑,选择合适的实物量化指标、计算方法和参数。污染行为对生态环境质量造成的损害,量化指标一般选择环境介质中特征污染物的浓度;污染行为对生态系统服务功能造成的损害,量化指标一般为生态系统指示物种的种群结构、种群数量、种群密度等。对生态环境损害进行实物量化的工作内容主要包括以下两个方面:一是对污染行为发生前后的生态环境质量状况进行比较,通过分析观测数据及基线数据确定环境介质中特征污染物浓度超过环境基线水平的时间、体积和程度等变量和因素;二是对污染环境或破坏生态行为发生前后生态系统中生物种群结构、数量、密度等进行比较,对生态系统的生物资源或生态系统服务功能超过生态环境基线水平的时间、面积和程度等变量和因素进行判定。目前常用于对生态环境损害进行实物量化的方法有模型模拟、统计分析、空间分析等。

6.3.1.2　生态环境损害价值量化

生态环境损害价值量化主要是计算利用适宜的生态环境恢复工程措施使生态环境恢复至生态环境基线水平所产生的费用,此外,还应将开始发生生态环境损害到恢复至生态环境基线水平期间所产生的损害费用包括在内。对生态环境恢复工程实施方案进行选择时应遵循的程序和要求如下:

(1)把评估区域生态环境的总体恢复目标、阶段恢复目标和恢复策略确定下来。

(2)根据生态环境恢复目标、各类恢复工程工作量、持续时间等因素,对生态环境恢复的备选基本方案进行筛选和制定。

(3)对备选的基本恢复方案实施范围、恢复规模和持续时间等情况进行评估,选择符合实际情况的替代等值分析方法,对期间损害和补偿性恢复方案工程量进行估算,并制定合适的补偿性恢复方案。

(4)综合使用层次分析、费用-效果分析、专家咨询等方法筛选生态环境恢复备选方案。筛选过程中应重点考虑备选基本恢复方案和补偿性恢复方案的时间与经济成本，并综合考虑方案的技术可行性、环境安全性、可持续性、有效性、合法性、公众可接受性等因素，对备选方案进行对比分析后最终确定最优基本恢复方案和补偿性恢复方案。

(5)在进行生态环境损害鉴定评估的过程中，如果发现受损生态环境既无法恢复至基线，也无法通过可行的补偿性恢复工程对期间损害进行补偿，或只能得到部分恢复，则应该使用环境价值评估方法评估生态环境的永久性损害价值，计算生态环境损害数额。

根据国家工程投资估算的相关规定对生态环境恢复费用进行估算，费用类型主要包括：工程费，材料及设备购置费，建设替代工程所需土地、水域、海域等购置费用和工程建设费用及其他费用，估算时采用的方法一般为概算定额法和类比工程预算法；污染清理费用，即污染环境的行为发生后，为使对生态环境的危害得到减轻或消除而采取阻断、转移、去除、处理和处置污染物的措施而发生的费用，以实际发生费用为准，并应根据具体情况判断实际发生费用的必要性和合理性。

生态环境损害价值评估方法主要分为替代等值分析法和环境价值评估法两类。替代等值分析法主要分为以下三种：资源等值分析法、服务等值分析法和价值等值分析法。环境价值评估法主要分为以下四种：直接市场价值法、揭示偏好法、陈述偏好法和效益转移法。

在进行生态环境损害价值评估时应优先选取资源等值分析法和服务等值分析法。如果受损生态环境主要生态功能为提供资源，那么应采用资源等值分析法；如果受损生态环境的主要生态功能为提供生态系统服务，或既能提供资源又能提供生态系统服务，则应采用服务等值分析法。在资源等值分析法和服务等值分析法的基本条件无法得到满足时，可考虑采用价值等值分析法。如果可以对恢复工程实施产生的单位效益进行货币化，则应采用价值-价值法；如果对恢复工程实施产生的单位效益进行货币化耗时过长或成本过高,则应采用价值-成本法。条件相同的情况下,考虑优先选取价值-价值法。

在替代等值分析法不可行的情况下,考虑使用环境价值评估法。建议按照不确定性从小到大的顺序对方法进行排序,依次选用直接市场价值法、揭示偏好法和陈述偏好法进行计算,具备相关条件时可以采用效益转移法。推荐采用环境价值评估法进行生态环境损害价值评估的情况如下:

(1)当对生物资源进行评估时,如果基线水平评价指标选用的是生物体内污染物浓度或对照区的相关疾病发病率,由于在生态环境恢复过程中难以对这些指标进行衡量,因此推荐采用环境价值评估法进行价值估算。

(2)由于某些限制原因,受损的生态环境通过恢复工程不能得到完全恢复,则采用环境价值评估法对生态环境的永久性损害价值进行评估。

(3)当采用恢复工程对生态环境进行恢复的成本比预期收益高时,推荐采用环境价值评估法对生态环境损害价值进行估算。

6.3.2　人身损害数额评定

在能对污染大气环境行为与人身损害间因果关系进行确认的情况下,应评定大气污染行为造成的人身损害数额。大气环境污染过程中的人身损害包括因大气污染行为导致受害人发生的疾病、伤残、死亡等健康损害。

人身损害赔偿数额和精神损害抚慰金数额的计算原则和方法分别参照《最高人民法院关于审理人身损害赔偿案件适用法律若干问题的解释》(法释〔2022〕14 号)和《最高人民法院关于确定民事侵权精神损害赔偿责任若干问题的解释》(法释〔2020〕17 号)的相关规定。

6.3.3　财产损失数额评定

在能对污染大气环境行为与财产损失间因果关系进行确认的情况下,应评定大气污染造成的财产损失数额。大气环境污染过程中的财产损失包括因大气环境污染行为导致的财产损失或价值减少以及清除财产污染支出的额外费用等财产损失。

6.3.3.1　财产损失或实际价值减少

(1)固定资产损失。固定资产损失是指因污染大气环境的行为造成固定资产损失或价值减少而带来的损失,计算方法为修复费用法或重置成本法。完全损毁的情况下使用重置成本法进行计算,部分损毁的情况下使用重置成本法或修复费用法进行计算。修复费用法以对固定资产进行维修发生的实际费用为计算依据。

采用重置成本法计算固定资产损失的公式如下:

$$固定资产损失＝重置价值×(1－年均折旧率×已使用年限)×损坏率$$

式中,年均折旧率＝(1－预计净残值率)×100%/折旧年限。

其中,重置价值指的是对固定资产进行重新购置或重新建造所需的费用;预计净残值率指的是固定资产净残值在资产原价值中所占的比例,应由专业资产评估机构或专业资产评估技术人员进行定价评估;固定资产净残值则是指固定资产在报废时预计可收回的残余价值与预计清理费用之间的差值。

(2)流动资产损失。流动资产损失指的是在生产经营过程中参加循环周转,形态不断发生改变的资产,如原材料、燃料、成品、半成品、在制品等资产的经济损失。应按流动资产种类的不同对流动资产损失进行分类计算和汇总,计算公式如下:

$$流动资产损失＝流动资产数量×购置时单价－残值$$

式中,残值指资产受到损坏后的残存价值,应由专业资产评估机构或专业资产评估技术人员进行定价评估。

(3)农产品财产损失。农产品财产损失指的是污染大气环境的行为导致农产品产量降低和农产品质量受损而产生的经济损失,其计算原则和方法参照《农业环境污染事故司法鉴定经济损失估算实施规范》(SF/Z JD0601001—2014)、《渔业污染事故经济损失计算方法》(GB/T 21678—2018)和《农业环境损害事件损失评估技术准则》(NY/T 1263—2022)的相关规定。

(4)林业损失。林业损失指的是污染大气环境的行为导致林产品和树木损毁或价值降低而产生的经济损失,对林业资源本身损害价值的评估也被列入生态环境损害价值评估范畴。林产品和树木损毁的损失计算方法采用直接市场价值法,评估方法参见农产品财产损失计算方法。

6.3.3.2 清除财产污染的额外支出

财产损失还应包括为防止因大气环境污染造成进一步财产损毁而产生的清除财产污染的额外费用,包括工厂对受污染工业设备进行清理所支出的费用、水厂对生产设备和管道进行清理所支出的费用、渔民对渔具进行清理所支出的费用以及其他清除财产污染所支出的费用等。对于清除财产污染的额外支出,通过对额外支出费用的票据进行审核后再进行计算。

第7章 大气环境损害鉴定评估的司法应用案例

根据以往的大气污染责任纠纷类案件资料,目前我国大气环境损害鉴定评估工作的开展并不一定涉及前面章节的所有内容,本章主要是通过具体案例来介绍大气环境损害鉴定评估在我国大气污染责任纠纷类案件中的应用情况。

7.1 德州"雾霾案"——我国首例"雾霾案"

这是我国颁布实施《最高人民法院关于审理环境民事公益诉讼案件适用法律若干问题的解释》(法释〔2020〕20号,以下简称《环境公益诉讼司法解释》)后发生的第一例针对大气环境污染的环境民事公益诉讼案件,即中华环保联合会起诉德州晶华集团振华有限公司(简称振华公司)大气环境污染责任纠纷案(简称德州"雾霾案")。

7.1.1 案件简介

振华公司于2013年11月至2015年2月有向大气环境中多次超标排放二氧化硫、氮氧化物及烟粉尘等污染物的行为,德州市环境保护局多次对其采取了相应的行政处罚措施,并于2015年3月23日勒令其停产。中华环保联合会以振华公司超标排放大气污染物造成大气环境损害为由提起诉讼,请求法院判令其停止污染行为、赔偿相应损失并公开赔礼道歉。本案最后判决结果为:由于振华公司已停产迁址,可认定其已停止侵害;振华公司承担公开向社会赔礼道歉的民事责任;振华公司承担生态环境损害赔偿2198.36万元。

7.1.2　本案大气环境损害鉴定评估过程

(1)对于环境损害事实的确认。一是根据环境监测数据及行政处罚决定书确认了振华公司多次超标排放二氧化硫、氮氧化物及烟粉尘的事实;二是根据评估认定书、相关证据及专家辅助人的意见,认定了振华公司向大气环境超标排放污染物的损害结果。本案在对大气环境损害事实进行认定的过程中,并未提到环境基线的概念,但从环境基线确定的方法中可以看出,本案采用的环境基线极有可能是污染物的相关排放标准。再者,由于本案在进入取证阶段时,污染阶段已经结束,而由于大气环境的特殊性,即其具备自净能力,过去多次超标排放的污染物早已被大气的稀释、转化、迁移等过程"净化",因此并未提到开展现场监测的工作。

(2)对于因果关系的分析。本案由于是对过去超标排放事件的判定,因此很难及时得到具有科学性的因果关系判定结果。法院在进行因果关系认定时采用了举证责任倒置的方法,以风险预防原则为依据,采纳了高度盖然性学说的结论,认为振华公司长期多次向大气环境超标排放大气污染物的行为是对社会公共利益具有重大损害风险的行为,从而对振华公司的污染物超标排放行为与大气环境污染之间具有因果关系进行了认定。不仅是此案,近年来几乎所有大气污染物超标排放引起的大气环境污染责任纠纷案件,均未对具体的因果关系进行分析,此类案件中对超标排放和环境损害之间因果关系进行判定时,更多地是依赖于专业性理论知识(如排放的污染物对大气环境产生负面影响、对人体健康有不良影响等理论)以及污染物的特性和部分研究结果。

（3）损害赔偿数额的确定。本案采用的大气环境损害价值估算方法是虚拟治理成本法，即在大气污染物的单位治理成本和超标排放量的基础上，先对虚拟治理成本进行计算，再与振华公司所在区域位于二类空气功能区的事实相结合，认定以虚拟治理成本的4倍数额作为生态环境损害赔偿数额，并以此为依据作出了判决。

综上，本案中的大气环境损害鉴定评估所涉及的主要工作内容有环境损害调查、因果关系判定及环境损害价值量化这三个部分，虽然部分过程并未严格遵守《生态环境损害鉴定评估技术指南　总纲》的规定，但整个评估工作基本涵盖了环境损害鉴定评估工作的要点。

我国大部分大气环境污染责任纠纷案件的情况与本案类似，即由于企业超标排放污染物造成大气污染，且在环境鉴定报告中体现最多的也是环境损害调查所给出的污染物超标排放量结果，因果关系判定主要采用举证责任倒置法，环境损害价值量化主要采用虚拟治理成本法。比如2016年的"中华环境保护基金会与安徽淮化集团有限公司大气污染责任纠纷案件"（以下简称"安徽淮化案"）以及2020年立案的"松原市供热公司大气污染物浓度超标排放案"（以下简称"松原案"）。但2016年"安徽淮化案"的判决书中未曾提到污染物超标排放量的计算方法，而德州"雾霾案"和"松原案"的污染物排放量计算均以监测数据为依据。

7.2　钢结构喷漆大气污染事件

引发本事件的缘由如下：北京多彩联艺国际钢结构工程有限公司（以下简称多彩公司）主要从事钢结构制造，在喷漆过程中，喷漆工艺未在密闭环境中操作，喷漆场地未安装废气处理设施，喷漆过程产生的挥发性有机物废气未经处理直接排放到大气环境中，对周围大气环境造成污染；在焊接过程中，焊接场地未安装相应的净化装置,焊接过程产生的焊烟未经处理直接排放到大气环境中,对周围大气环境造成污染。

在本案审理过程中,环保鉴定中心对多彩公司违法排放挥发性有机物废气造成的大气环境损害进行了鉴定评估。其鉴定意见中指出:"根据《环境损害鉴定评估推荐方法(第Ⅱ版)》,本次钢结构喷漆大气污染事件主要采用现场踏勘、走访座谈和专家咨询等方式开展环境污染损害调查,采用虚拟治理成本法量化环境损害数额。根据环境损害鉴定评估工作对于时效性、科学性、准确性的要求,结合本次钢结构喷漆大气污染事件的特点,该大气环境污染事件所致的生态环境损害无法通过恢复工程恢复,因此采用虚拟治理成本法评估该钢结构喷漆大气污染事件造成的生态环境损害数额。"

本案在对环境损害进行鉴定评估时,首先通过现场踏勘、走访座谈和专家咨询等方式对环境污染损害进行调查,根据工厂的原材料使用情况、生产工艺及污染防治设施安装等情况,明确了多彩公司在生产过程中产生并未经处理直接向大气环境排放大量的挥发性有机污染物废气,对周围大气环境造成污染的违法事实。其次,通过分析底漆喷涂、面漆喷涂、常温晾干工序等工艺过程中产生大量漆雾和有机废气的事实,结合漆雾和有机废气对大气环境具有很大危害这一科学事实,判定了多彩公司违法排放污染物行为与大气环境损害之间的因果关系。最后,通过排污系数法确定了此次污染事件的大气污染物排放量,进一步采用虚拟治理成本法确定了本次案件的赔偿数额。

本次环境损害鉴定评估工作中,受到质疑的点是对钢结构加工产量的定量不准确,以及未考虑节假日停工的情况。尽管在后续评估中,这两个数据并未对污染物治理工艺参数的选择产生影响,因而不影响虚拟治理成本的计算结果,但仍应在环境损害调查过程中避免出现这种情况。

7.3　张某某环境污染责任纠纷案件

这是公益诉讼起诉人江山市人民检察院(以下简称江山检察院)对被告

张某某有关大气污染责任纠纷而提起的公益诉讼案件。

案件的基本情况如下：2018年3月，被告张某某未经审批，在江山市农牧场余某处租赁厂房建设金属熔炼厂。2018年7月20日—8月7日，张某某利用该熔炼厂焚烧废旧电路板提取铜锭出售牟利，生产过程中产生的废气和烟尘仅采用物理沉降的方式进行简单处理后便直接排放到大气环境中。至被环保部门查获时，张某某已焚烧了35吨焦煤、60余吨废旧电路板、120余吨含铜水泥球，制成了40余吨金属铜锭。公益诉讼起诉人认为，被告张某某违反规定，未经审批许可擅自通过焚烧废旧电路板和其他原材料来冶炼金属铜，焚烧产生的大气污染物未经有效治理直接排放，对周边大气环境造成污染，应当承担相应的民事侵权责任。

本次事件的大气环境损害鉴定评估报告指出："(1)废旧电路板焚烧过程中无针对溴代二噁英、一氧化碳、二氧化硫、氮氧化物等大气污染物的治理措施，故电路板焚烧冶炼导致的大气生态环境损害可以确认。(2)因果关系判断，该事件存在明确的污染环境行为，经污染物迁移路径合理性分析及排他性分析，焚烧电路板行为与大气生态环境损害的因果关系可以确定。(3)损害量化，按虚拟治理成本法量化大气环境损害费用为425250元、焦炭焚烧导致大气生态环境损害费用为17641元，合计大气生态环境损害费用为442891元，生态环境损害评估费用60000元。"

由以上报告可以看出，本次环境损害鉴定评估工作主要涵盖了大气环境损害事实确认、因果关系判定和环境损害价值量化三个过程。根据判决书内容，从原告方提供的证据可以看出，损害事实的确认工作包括以下内容：查阅厂区监控视频截图、环保部门现场检查笔录及现场照片确认排放的烟气带有青色，查看笔录了解生产原材料、生产工艺及污染物治理设备的情况，再结合相关科学事实，对张某某损害大气环境的事实进行认定。值得注意的是，报告中提到因果关系的确定用到了污染物迁移路径合理性分析及排他性分析，这是与前几个案例的不同之处，但遗憾的是，公开的报告内容中并未提到具体做法。此外,本次评估中采用了排污系数法对环境损害污染物排放量进行计算,采用了虚拟治理成本法对环境损害价值进行量化。由于张某某违法向大气环境排放的废气中含有有毒有害物质,对大气环境和人体健康具有严重威胁,因此此案中环境功能区敏感系数取的是二类功能区的上限值 5。

综上所述,由于大气本身具有自净能力,因此对大气环境的侵权行为产生的影响往往具有累积性、滞后性;再加上致害物质、致害途径具有复杂多样的特征,因此大气污染行为导致的环境污染责任纠纷事件往往具有一定的特殊性,此类案件中对大气环境损害进行鉴定评估时所采用的工作程序无法严格遵循《生态环境损害鉴定评估技术指南　总纲和关键环节　第 1 部分:总纲》(GB/T 39791.1—2020)的规定,因此应根据大气环境损害的特殊性对其中某些环节做一些特殊处理。但采取特殊处理势必会引起一些争议,因此在采用特殊处理方法时应遵循基本科学事实,尽量做到有理有据。

7.4　大气污染导致人身损害案件

这是一起由企业生产过程中尾气和氯气混合泄漏致人氯气中毒而引起的大气污染责任纠纷案件。被侵权人为房某某,侵权人为格林艾普镇江分公司。

案件基本情况如下:房某某为中石化工建设有限公司一名职工,由公司安排在格林艾普镇江分公司一工地开展油漆粉刷工作。2011 年 5 月 19 日上午 10:30—11:10,格林艾普镇江分公司在生产过程中发生尾气和氯气混合泄漏事故,房某某等一批作业人员出现呕吐、头昏、咳嗽等中毒现象。随后,房某某等人被送往江苏大学附属医院门诊部进行治疗,后又被送回格林艾普镇江分公司医务室进行后续观察治疗。此后房某某又多次因"吸入性肺炎"和"阻塞性肺气肿"等病情入院治疗,并因此产生医药费、护理费、营养费、交通费等一系列费用。房某某认为这一系列人身损害及财产损失皆由氯气中毒引起,由于双方无法就赔偿事宜达成一致,房某某向法院提起诉讼,要求江苏省格林艾普化工股份有限公司(简称"格林艾普公司")及无锡格林艾普化工股份有限公司镇江分公司(简称"格林艾普镇江分公司")赔偿各种损失共计351260元。

此案由于原告、被告、原审法院、再审法院对"房某某'吸入性肺炎和阻塞性肺气肿'病情与尾气和氯气混合泄漏事故之间是否存在因果关系,对此应当由谁承担举证责任"的认定存在争议,因此经历了多次审理过程。首先,对于房某某第一次因中毒入院与尾气和氯气混合泄漏事故之间存在因果关系的事实,各方都予以认定,因此本案的主要争议点在于房某某后续几次因"吸入性肺炎和"阻塞性肺气肿"进行治疗和护理,是否是由尾气和氯气混合泄漏事故引起的后遗症,对此各方持不同意见。但由于鉴定存在难度,对这层因果关系是否存在的鉴定并未进行,终审法院认定事实的理由为:"公民的生命健康权受法律保护。本案中,申请人在被申请人格林艾普镇江分公司工地作业时,该公司生产过程中尾气和氯气发生混合泄漏,申请人出现呕吐、头昏、咳嗽等中毒现象,从而引发了纠纷,因此本案的案由应定为大气污染责任纠纷。根据相关法律规定,大气污染行为的实施者应当就其侵权行为与损害之间不存在因果关系承担举证责任。本案中,被申请人格林艾普公司、格林艾普镇江分公司均无法就尾气和氯气泄漏事故与申请人的'吸入性肺炎和阻塞性肺气肿'的人身损害结果之间不存在因果关系进行举证证明,因此应承担举证不能的法律后果。虽然申请人有吸烟史,医院也对左上肺陈旧性病灶有记录,但事发时申请人正处于正常工作状态且无证据证明其当时身体状况异于常人,可以判断如果没有遇到氯气中毒则难以造成申请人肺损伤及其并发症,而关于左上肺陈旧性病灶病理原因也并不明确,因此终审法院认定尾气和氯气泄漏事故致中毒构成申请人损伤的原因。"

本案中涉及的司法鉴定过程主要是由南京医科大学司法鉴定机构针对房某某伤残等级、护理期限及人数、营养期限、误工期限、后续治疗费所开展的法医学鉴定。鉴定报告中显示的鉴定意见为："1.申请人肺功能的轻-中度损伤属于江苏省《人体损伤致残程度鉴定标准（试行）》第 2.7.23 条规定的七级伤残程度；2.伤后护理期限 120 日（住院期 2 人护理，出院后 1 人护理）、营养期限 120 日、误工期限 180 日；3.申请人主要需针对肺损伤后并发症进行后续对症治疗（如抗感染、化痰、止咳、平喘、吸氧等），后续治疗费以实际发生费用为准；4.申请人支付鉴定费 3580 元。"终审法院以以上鉴定意见为依据，对申请人的各项损失进行了认定，最终认定房某某各项损失共计 333288.26 元，由被申请人格林艾普公司承担。

这个案件的司法鉴定及审理过程说明大气污染导致人身损害的因果关系判定是具有较高难度且对案件审理十分重要的一个环节，因此在将来大气环境损害鉴定评估相关的研究工作中一个非常关键的研究方向是提高大气污染行为与人体健康损害之间关联性判定的准确性，这是目前研究的难点，也是重点。

目前我国这类案件因果关系判定大多以"污染行为发生在先→人群身体健康受到损害在后→污染行为有产生损害的可能性（有文献支持或医院诊断证明）且无证据证明损害由其他诱因引起→认为损害由污染引起"这样的逻辑进行判定，有一定的科学依据但并不完全准确。但由于在很多情况下，被申诉人无法拿出证据证明污染与损害之间不存在因果关系，而被申诉人确实存在污染环境的行为，因此无法洗清自己的嫌疑，从而要承担相应的法律责任。《中华人民共和国民法典》第一千二百二十九条规定："因污染环境、破坏生态造成他人损害的，侵权人应当承担侵权责任。"第一千二百三十条规定："因污染环境、破坏生态发生纠纷，行为人应当就法律规定的不承担责任或者减轻责任的情形及其行为与损害之间不存在因果关系承担举证责任。"具体来说，环境污染事件中的受害人只需针对环境污染行为和环境损害事实进行举证，而针对环境污染行为与损害事实之间的因果关系认定则遵循举证责任倒置原则，即应由污染者或侵权者针对法律规定的不承担责任或者减轻责任的情形及其环境污染行为与损害之间不存在因果关系承担举证责任。如要使环境污染事件受害人的主张得到支持,则受害人必须先证明污染者或侵权者存在污染环境的行为和受害人有受到环境损害的事实。而最终举证责任如何分配以及举证是否有效、如何判定都是此类案件审理过程中的重点和难点。

7.5 大气污染导致农产品财产损失案件

7.5.1 废气污染导致农户庄稼损失纠纷案件

这是一起由企业废气排放致使周边农户果园果树、庄稼地农作物受到损害而引起的大气污染责任纠纷案件。

案件的基本情况如下:原告李某某于 1993 年 2 月 28 日与居民委员会签订退耕还果合同,承包一地块用于栽种果树,承包期限为 30 年。2018 年,被告喀左德隆新材料有限责任公司建设高活性氧化钙生产线项目并正式投产。原告指出,被告公司投产后,向环境中排放的粉尘和烟雾严重污染了原告的果园和庄稼,要求被告停止污染并赔偿原告农产品财产损失。2019 年 9 月 23 日,原告向法院提出鉴定评估申请:①评估被告公司排放的粉尘是否对原告共计 15 亩(1 亩＝666.67 m²)的果树地和庄稼地以及果树、果实、蔬菜、粮食等造成污染;②若污染事实存在,则对因粉尘排放造成原告果树地、庄稼地(共计 15 亩)的土壤及果树、果实、蔬菜、粮食及秸秆受损产生的财产损失进行评估。

案件审理过程中,双方当事人的主要争议点在于果园财产损失。因此,法院委托相关司法鉴定中心及评估机构对排污行为与农产品损失间的因果关系及财产损害数额分别进行了鉴定评估,相关机构出具了司法鉴定意见书和评估报告,给出了鉴定意见和评估结果。鉴定机构及双方当事人对现场进行了实地勘察,勘察结果显示,被告公司位置在原告果树地、庄稼地的北侧,被告公司与原告果树地、庄稼地最北端距离约 300 m,两者位于同一山坳中。原告果树地栽种包括枣树、梨树、樱桃树在内的果树共计 150 余棵,梨树下为大豆、谷子、蔬菜等农作物间作;此外,庄稼地种植大田玉米若干亩,进行现场勘察时大豆、谷子已全部收割,玉米部分收割,果树未采摘。2019 年 11 月 8 日,相关司法鉴定中心出具司法鉴定意见书,经检验分析,原告果树地及庄稼地中采集的果树、玉米叶、表层土壤样品中表面粉尘的元素组成与被告公司排放的粉尘元素组成具有高度的相似性,即原告果树地和庄稼地中的果树、玉米叶和表层土壤受到来自被告公司排放粉尘的污染,故得出以下鉴定意见:被告公司排放粉尘的行为与原告果树地和庄稼地受到污染的事实之间存在因果关系。2019 年 11 月 28 日,相关评估机构出具资产评估报告,报告显示:对评估范围内资产进行估值的结果为 68114 元,以农产品和农作物这种无残值的消耗性生物资产为评估对象,评估范围为 140 棵果树的果实和 5 亩玉米秸秆、2 亩豆秸、3 亩谷草(秸秆)一年收获所体现的市场价值。在评估过程中,双方当事人均对"果园果树处于无人采摘状态,全部损失"的事实予以认定。

法院结合鉴定意见以及其他相关证据,最终判决被告喀左德隆新材料有限责任公司赔偿原告李某某果树、果实及秸秆损失共计 68114 元,并承担司法鉴定支出费用。

在这个案件的审理过程中,司法鉴定中心出具的司法鉴定意见书对废气排放与农产品财产损失因果关系的判定起到了巨大作用,在对受污染的土壤、植物表面粉尘及企业排放粉尘成分进行分析的基础上,确定了污染物的同源性,从而进行了因果关系判定。本案中,因果关系判定和财产损失评估是由不同机构完成的,这跟不同鉴定机构所具备的鉴定资质或鉴定业务范围不同有关。目前与大气环境损害鉴定评估相关的工作仍主要集中于大气污染行为造成大气环境损害这一领域,而将大气环境损害以及由此引起的其他生态环境损害或财产损失一环扣一环连接起来的经验相对较少,这也是在未来大气环境损害鉴定评估工作中所需要攻克的难点。

7.5.2　道路施工扬尘导致农产品损害纠纷案件

这是一起由企业废气排放致使附近铁皮石斛生产基地铁皮石斛死亡而引起的大气污染责任纠纷案件。

案件的基本情况如下:万斛峰合作社于 2012 年 11 月 20 日开始租赁万年县某村三小组 10 亩旱地用于铁皮石斛中药草的种植,租期为 10 年。由于某投资公司投资的上万高速公路建设需对万斛峰合作社铁皮石斛基地红线内 755.8 m² 范围土地及铁皮石斛进行征用,所以上万高速公路征地和房屋征收协调领导小组办公室(甲方)与万斛峰合作社(乙方)于 2015 年 12 月 7 日达成以下协议:①甲方以 90 万元的价格一次性对乙方红线内铁皮石斛依法进行征用,费用组成包括对红线内铁皮石斛青苗的补偿费用,拆迁管理房的补偿费用,栅栏、大棚、供水设施的补偿费用等;②如上万高速公路建成后对红线外铁皮石斛造成损害,则由甲方出面帮助乙方与投资公司协调解决。此后上万高速公路建设项目由工程公司承包完成。在项目施工过程中产生的粉尘在一定程度上影响了路边环境,导致乙方的铁皮石斛出现大面积死亡。为此,乙方要求甲方协调赔偿相关事宜但未果。经乙方申请,上饶市和信资产评估有限公司对乙方受到损害的铁皮石斛损失进行价值评估。2016 年 7 月 27 日,该评估机构出具的资产评估报告书显示评估的资产价值总金额为 3150533.89 元。为此乙方支付了评估费用 13000 元。2016 年 11 月 16 日,农业生态环境及农产品质量安全司法鉴定中心受万年县农业局委托,对"万斛峰合作社铁皮石斛受害与高速公路施工之间是否存在因果关系"进行司法鉴定。2017 年 1 月 5 日,该鉴定中心出具的鉴定意见书表明:万斛峰合作社种植的铁皮石斛受到损害与上万高速公路施工之间存在因果关系。为此乙方支付司法鉴定费用140000元。双方在赔偿事宜方面无法达成一致,乙方万斛峰合作社遂提起诉讼。

在案件的整个审理过程中,与司法鉴定相关的评估过程一共有四个:一是上饶市和信资产评估有限公司对乙方受到损害的铁皮石斛进行价值评估;二是农业生态环境及农产品质量安全司法鉴定中心对"乙方铁皮石斛受损害与高速公路施工之间的因果关系是否存在"进行判定;三是经投资公司、项目办申请,由一审法院委托新疆维吾尔自治区司法鉴定科学技术研究所农林牧司法鉴定中心对乙方种植的铁皮石斛死亡原因进行司法鉴定;四是一审法院委托江西求实司法鉴定中心对乙方种植基地内已死亡的铁皮石斛市场价值进行鉴定评估。对于因果关系是否存在的判定,两个司法鉴定机构均肯定了铁皮石斛受损害与高速公路施工之间存在因果关系,两相比较,新疆维吾尔自治区司法鉴定科学技术研究所农林牧司法鉴定中心出具的司法鉴定意见书证据更加充分,结论更加全面。而对于损失数额的评估,由于第一次损失评估由乙方单方申请,被告提出异议,因此经双方同意之后重新作出评估,并以第二次评估结果为准。

司法鉴定意见书中指出:①案件种植区位于亚热带季风性气候湿润区,年均日照1803.5 h,年均气温17.4 ℃,年均降水量1808 mm,年均无霜期为259 d,外部环境可为铁皮石斛生长提供有利条件,且在大棚种植条件下,栽培基质选择未出现问题,光照、温度、湿度均可人工调控。经取样化验,栽培基质中含N 2.27%、P_2O_5 1.71%、K_2O 2.5%,pH为7.85。因此,外部环境和栽培条件均可以满足铁皮石斛的正常生长需求。②高速公路施工现场的尘土迁移到铁皮石斛的叶片上,会破坏铁皮石斛的生长条件,如对环境湿度、气体交换、光照等产生影响,从而影响叶片的光合作用和呼吸作用,对其造成生理伤害,严重时甚至可导致植株死亡。所以判定铁皮石斛的死亡与上万高速公路施工造成的污染之间存在因果关系。③一年前,农业生态环境及农产品质量安全司法鉴定中心出具的鉴定意见书中指出"越靠近高速公路铁皮石斛长势越差",但一年后未出现这种规律,除一年前铁皮石斛全部死亡的大棚外,其他大棚内铁皮石斛的死亡情况并无规律可循,有些大棚内的铁皮石斛部分死亡,仅有一小部分生长良好;有些大棚的铁皮石斛呈现西面生长较好、东面全部死亡的特点。为此对铁皮石斛植株样品进行采样和分离培养,培养实验结果表明主要致病菌为镰刀菌,因此认为,造成铁皮石斛死亡的另一重要原因是镰刀菌侵染引起的茎基腐病。因此最终的鉴定意见指出乙方种植基地内铁皮石斛的死亡原因有两个:①上万高速公路施工粉尘造成的环境污染;②镰刀菌侵染引起铁皮石斛发生茎基腐病。后续该鉴定中心又给出以下补充意见:导致铁皮石斛死亡的两种原因各占50%的比例,但未对确定该比例的具体方法进行明确。

对于大气环境损害鉴定评估工作者来说,本案值得关注的点在于:第二次关于因果关系判定的司法鉴定提出了废气污染造成铁皮石斛死亡之外的其他可能性。给相关人员的启发是:在对因果关系判定的过程中,应全面考虑可能出现的情况,客观地描述污染行为与损害之间的关联性。虽然在最终呈现的结果中,鉴定意见并未充分解释导致铁皮石斛死亡的两种原因各占50%比例的科学依据,但在深入挖掘导致损害出现的可能原因方面所做的工作是值得肯定并可进行推广的。

7.6 大气污染致林地受损责任纠纷案件

7.6.1 案例简介

2018年,广东省恩平市H镇居民梁某某(原告)因其承包的H镇M水库周边林地受损起诉被告恩平市X1公司、恩平市X2公司、恩平市X3公司、恩平市J公司,认为以上四公司排放的废气污染了林地环境,从而造成了林地受损,导致财产损失。这是一起环境污染责任纠纷案件,因案情需要,恩平市人民法院委托沧州科技事务司法鉴定中心对四被告的污染行为与涉案林地损害结果之间的因果关系、涉案林地所处土壤和大气状况是否适宜继续进行林业种植、涉案林地被污染已造成的损失和原告在承包期间内不能继续种植造成的损失进行鉴定。

由于鉴定需要,鉴定人员分别于 2018 年 10 月和 2019 年 8 月赶赴广东省恩平市进行现场勘察和鉴定。

7.6.2　现场勘察

依据恩平市人民法院的委托要求,并由法院告知原、被告双方需在场配合鉴定的情况下,鉴定人员于 2018 年 10 月 22 日起对涉案现场进行勘察工作,勘察内容一共分成三部分,分别为企业调查、林地调查和涉案林地现场空气采样及检测。

(1)企业调查。企业调查以查阅环评报告为主,共查阅了三家企业(X1、X2、X3 公司,J 公司环评报告未提供)的环评报告。

经查阅发现三家企业均是生产抛光砖建筑陶瓷的建材企业,通过对比三家企业环评报告发现三家企业抛光砖制作工艺流程相同,废气产生原因相同。陶瓷生产过程中主要产生废气污染的工序是喷雾塔制粉过程和辊道窑烧成过程:喷雾塔制粉过程产生的主要大气污染物为燃料燃烧时释放的 SO_2、NO_x、烟尘、轻质陶土粉尘、瓷土和颜料中所含的元素;辊道窑烧成过程产生的主要大气污染物为燃料自身含尘、含硫以及辊道窑中设备运转扬起的粉尘。喷雾塔烟气中的颗粒物主要来自原料干燥时产生的粉状颗粒,辊道窑烟气中颗粒物主要为燃料自身含尘、极少量瓷土原料挥发的粉尘以及辊道窑中设备运转扬起的粉尘;硫来自煤和煤气中的硫分;NO_x 主要来自燃料的有机质以及高温烧制过程中空气中被氧化的氮;氟化物、氯化物、铅及其化合物、镉及其化合物、镍及其化合物与瓷土和颜料中的成分有关。由于三家企业的生产规模不同,故三家企业的废气产生量及排放量不同,具体情况如表 7.1 所示。

表 7.1　三家企业喷雾塔和辊道窑的废气产生量及排放量情况汇总

企业	污染物	产生量/(t/a)	排放量/(t/a)	数据来源
X1 公司	颗粒物	710.82	17.76	《恩平市 X1 公司现状环境影响报告书》
	SO₂	201.83	41.59	
	NOₓ	136.15	125.20	
	氟化物	7.70	1.54	
X2 公司	颗粒物	3698.95	35.88	《恩平市 X2 公司二期工程现状环境影响报告书》
	SO₂	518.21	103.64	
	NOₓ	298.59	179.16	
	氟化物	14.42	2.88	
X3 公司	颗粒物	601.79	15.28	《恩平市 X3 公司现状环境影响报告书》
	SO₂	168.82	34.90	
	NOₓ	116.25	107.12	
	氟化物	6.64	1.33	

（2）林地调查。植物调查小组首先对涉案现场进行了初勘并对相关人员进行了问询调查,后根据所得信息及现场实地情况,采用随机布点的方法选取了若干勘察点,对勘察点内植物的生长状况进行了观察并对部分植物叶片进行了取样。涉案林地位于 H 镇 M 水库周边,水库为不规则形状,水库边有环库公路,环库公路外侧为原告梁某某所承包的山地,被告工厂位于涉案林地的东北方向。林地调查的点位空间分布大致如图 7.1 所示。

（3）涉案林地现场空气采样及检测。根据涉案林地实地状况,在涉案林地内随机设了 4 个点位,对涉案林地内的空气实行监测并取样。点位 A:与被告工厂直线距离约为 240 m;点位 B:与被告工厂直线距离约为 630 m;点位 C:与被告工厂直线距离约为 1.12 km;点位 D:与被告工厂直线距离约为 450 m（见图 7.1）。

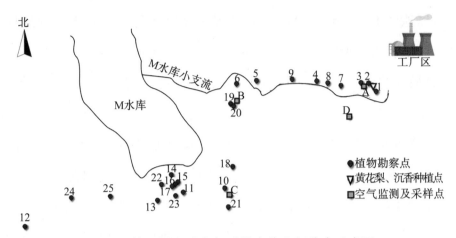

图 7.1　林地调查及空气采样点位空间分布示意图

7.6.3　因果关系判定

(1)空气质量分析。为调查工厂的排污行为与涉案林地的损害之间是否存在因果关系,企业调查小组在恩平市法院对 X1、X2、X3 三家企业的环评报告进行了查阅。经查阅发现三家企业均是生产抛光砖建筑陶瓷的建材企业且生产工艺相同,通过环评可知三家企业排放的废气中均含有氟化物、SO_2。根据涉案林地实地状况,调查小组在涉案林地内随机设了 4 个点位,对涉案林地内的空气进行监测并取样。根据中华人民共和国环境保护标准《环境空气　氟化物的测定　滤膜采样/氟离子选择电极法》(HJ 955—2018)规定的方法对所取气体样品中的氟化物浓度进行检测,根据中华人民共和国环境保护标准《环境空气　二氧化硫的测定　甲醛吸收-副玫瑰苯胺分光光度法》(HJ 482—2009)规定的方法对所取气体样品中的 SO_2 浓度进行检测,检测结果如表 7.2 所示。检测结果表明,涉案林地内的空气中含有 SO_2 和氟化物。

表 7.2　涉案林地环境空气中氟化物和 SO_2 的检测结果

检测项目	点位 A	点位 B	点位 C	点位 D
氟化物浓度/(mg/m³)	0.0543	0.0474	0.0200	0.0576
SO_2 浓度/(mg/m³)	0.161	0.100	0.029	0.119

（2）林地树木生长状况分析。通过现场勘察所得信息对涉案林地树木进行分析，结果表明在勘察地点 24（见图 7.1），样方中的湿地松为勘察范围内湿地松长势最好的点。该勘察地点位于被山坡环绕背朝水库的低谷处，虽然光照条件差，但是此处树木的高度、干粗均比其他勘察地点中的同类树木好，因涉案林地周边未能找到与涉案林地内的树木种植时间相同或相近的同类树木，故将勘察地点 24 作为涉案林地内的对照点。涉案林地内树木受损症状主要表现为叶片褪色，叶片出现点状、块状斑点，叶片尖端干枯，叶片完全干枯，叶片大量掉落等。通过对比勘察地点 7 与勘察地点 8、勘察地点 19 与勘察地点 20、勘察地点 16 与勘察地点 17、勘察地点 21 与勘察地点 11 发现，面朝工厂的山坡、面朝水库水面的山坡上树木的长势比背朝工厂的山坡、背朝水库水面的山坡树木长势差，即承受来自工厂方向的气体较多的地点树木长势差。

（3）SO_2 和氟化物危害植物机理。硫是植物的组成元素之一，但植物所需要的硫主要来自土壤中的硫酸盐，只有很少一部分是吸收空气中的 SO_2。当大气中 SO_2 浓度很高及滞留时间长时，植物体内 SO_2 吸收过多，积累的 HSO_3^- 及 SO_3^{2-} 超过了其代谢解毒的功能时，植物就会出现急性损伤。

SO_2 伤害植物的原因是：H^+ 降低了细胞的 pH，从而干扰植物的生命活动。SO_2 进入植物体内的主要通道是气孔，因此，对植物的伤害首先表现在叶上，尤其是生理活性旺盛的叶。树木受 SO_2 危害后，危害首先从气孔周围的细胞开始，逐渐扩展到海绵组织，再发展到栅栏组织，表现为细胞的叶绿体被破坏，组织脱水并坏死，在外表上可见许多褪色斑点从叶脉之间发生，到危害后期，叶脉亦褪色枯死。受害初期的变色斑位于叶脉间，呈点状、块状和条状，后期叶脉亦变色枯死。针叶树受害后，首先是针叶尖端发黄变褐，后逐渐向下扩展，最终枯死。受 SO_2 危害出现的伤斑与健康组织之间界限明显。

氟化物是一类对植物毒性很强的大气污染物，其中以氟化氢为代表，是国内外常见的危害植物的污染物。氟化物密度比空气小，扩散距离远，往往在较远距离也能危害植物。植物受害后，主要是嫩芽、幼芽上首先出现症状，叶片退绿,叶尖或叶缘出现伤区,伤区与非伤区之间常有一条红色或黑褐色的边界线,有的植物表现为大量落叶。

氟化物在植物体内的毒害作用主要是氟能取代酶蛋白中的金属元素,生成络合物或与 Ca^{2+}、Mg^{2+} 等离子结合,使酶失去活性。植物吸收氟化物后,叶片 pH 降低,使叶绿素失掉 Mg^{2+} 形成去镁叶绿素,从而使叶绿素含量下降,进而导致光合作用受到抑制,引起植物缺绿。另外氟化物还能导致钙营养障碍,钙不足则细胞外渗性变大,内容物易渗出。植物体内氟化物积累过多,不仅引起前述的生理问题,而且使植物输导系统受到伤害,通道被阻塞,导致水分、养分的运输受阻,使部分组织干枯、变褐色。

(4)植物叶片中硫和氟含量的分析。根据大气的检测结果、树木受损的表现症状、SO_2 和氟化物危害植物的机理,初步判定树木的受损与涉案林地内空气中的 SO_2、氟化物有关。为了进一步验证这一关系,选取勘察地点的部分湿地松叶片,对叶片中氟化物、硫的含量进行检测。叶片中氟化物的检测方法采用酸碱浸提-离子电极方法,叶片中硫化物的检测方法采用氧瓶燃烧-硫酸钡比浊法,检测结果如表 7.3 所示。检测结果表明,受损植物中的硫化物和氟化物含量比对照样中的硫化物和氟化物含量高,说明树木受损与空气中的 SO_2、氟化物有关。

表 7.3　部分植物叶片中硫化物、氟化物含量的检测结果

检测项目	植物 2 号 (勘察点 4)	植物 3 号 (勘察点 5)	植物 6 号 (勘察点 11)	植物 11 号对照 (勘察点 24)
氟化物浓度/(mg/kg)	35.9	12.9	12.7	4.18
硫化物浓度/(mg/kg)	142	249	136	66.4

(5)因果关系判定结果。综上,涉案林地内林木受损症状与 SO_2、氟化物危害植物时所表现的症状相符,同时植物样品中检出较高含量的硫化物、氟化物,可以证实涉案林地中树木受到了 SO_2、氟化物的危害。被告企业环评报告表明被告工厂排放的废气中含有 SO_2 和氟化物,涉案林地内空气中也检出 SO_2 和氟化

物成分,且树木的受损程度与树木至被告工厂的距离相关,与树木所在地山坡的朝向相关,故可认定造成涉案林地内林木受损的氟化物、SO_2来自被告工厂,即被告工厂排放的污染物与涉案林地损害结果之间存在因果关系。

由勘察点 24 可知,当树木处在被山坡环绕背朝水库的低谷处时,虽受光照条件差的影响,树木有少量损伤,但此处的树木在勘察范围内是长势最好的树木,涉案林地内其他地点的树木都要比此处的树木长势差,表现为树木矮、枝干细、叶受损。故认为涉案林地内的林木在所处环境下不适宜生长。

7.6.4 林地受损价值估算

由于涉案现场树种主要为桉树和湿地松,因此本案的林地损失鉴定主要针对鉴定区域内的桉树和湿地松进行。根据现场勘察资料及 GPS 卫星定位图,可计算出鉴定区域内的桉树和湿地松种植面积。

依据现场勘察获取的树木分布和生长情况,以树木排列整齐生长良好的点位确定树木株数理论值,而树木排列不整齐、有损害的点位按树木株数实际值进行计算。

依据中华人民共和国林业行业标准《桉树丰产林经营技术规程》(LY/T 2456—2015)、《湿地松、火炬松培育技术规程》(LY/T 1824—2022)及调研得到的桉树种植年份数据,可计算出调研范围内桉树和湿地松的理论出材量;基于调研获得的桉树、湿地松的实际树高、胸径等数据,可计算调研范围内桉树和湿地松的实际出材量;理论出材量减去实际出材量则得到桉树和湿地松的损失出材量。再以桉树和湿地松材积价格为依据,选取每立方米桉树和湿地松价格的中位值,可计算出现有桉树和湿地松的受损价值。此外,原告的山地承包合同显示承包距到期仍有一定年限,根据剩余年限内桉树和湿地松的理论出材量与现阶段的桉树和湿地松材积价格可计算桉树和湿地松价值,根据同业调查可计算正常管理桉树和湿地松的费用,则原告在承包期内不能继续种植造成的损失应为桉树和湿地松实际价值减去剩余年限内的管理成本。

对于湿地松,还应计算松脂损失价值。根据实际种植面积内湿地松理论密度和实际密度计算已损失的松脂采脂量,由于松脂价格与松香价格接近,故再根据松脂的价格对已损失松脂价值及未能继续种植湿地松而损失的松脂价值分别进行计算。

此外,2013 年时涉案林地内有 12 hm² 黄花梨(幼龄林)受到被告工厂的污染,结合现场勘察所见直径约 1 cm,高约 1.7 m 的黄花梨,发现涉案林地内的黄花梨从 2009 年到 2019 年间的生长指标基本无变化,可知涉案林地内种植的黄花梨受到了污染的影响。但由于现场所见黄花梨数量极少,无法获得相关数据,且法院提供的相关资料中也缺少相应数据,故无法详细计算黄花梨的相应损失。本案中对于黄花梨的损失估算以购买苗木的费用加种植费及第一年的管理费用为准。

综上,涉案林地损失总价值为已受损桉树和湿地松价值+未能继续种植的年限内桉树和湿地松价值+已受损松脂价值+未能继续种植的年限内松脂价值+黄花梨损失价值。

7.6.5　案例思考

本案例中的主要工作任务:一是对污染行为与林地损害结果之间是否存在因果关系进行判定;二是对涉案林地被污染已造成的损失和原告在承包期间内不能继续种植造成的损失进行鉴定评估。

本案例中判定因果关系的主要依据如下:发生污染行为的工厂排放了 SO_2 和氟化物,而受损林地环境空气和林地植物叶片中也检出硫化物和氟化物,说明工厂排放的污染物和林地环境空气及林地植物叶片中的硫化物和氟化物具有一定同源性;此外,林地中植物也出现受 SO_2 和氟化物危害的症状,因此判定工厂污染行为导致了林地植物受损,确定两者之间存在因果关系。

在因果关系判定过程中,除了以一部分空气样品和叶片样品监测数据为依据外,还主要以文献中对 SO_2 和氟化物对植物危害的研究为依据,属于因果关系判定工作中的文献查阅法。在确定同源性后,文献查阅法可以有效地判断信息是否可靠、准确,是可单独使用也可同其他方法共同使用的重要方法。

本案例中的鉴定评估工作主要针对大气污染造成林业损害的情况,但实际中,大气污染行为对生态环境的损害除了直接对植物造成损害外,还可能对生态系统其他要素产生危害,比如可能对土壤环境造成污染,从而间接影响植物生长。本案例中在判定因果关系和认定损害可能性时主要检测了涉案林地环境空气样品和叶片样品,为了更完整地评估大气污染行为对生态环境损害的程度及范围,对生态系统中土壤样品的检测也是关键环节。通过对土壤中硫和氟含量的检测可以判定区域内土壤是否受到污染行为影响,以此评估土壤肥力状况以及判断该土壤是否能继续为林木生长提供介质和养分。若已明确土壤环境受到损害的事实,则应对土壤恢复到未受影响时状态应采取的修复方案进行确认,或评估自然恢复所需时长等。此外,除了对农产品如林木的损害进行判定外,还要注重对林地生态系统除产品功能以外的服务功能损害的鉴定,这项工作就涉及生态系统服务价值的核算,也是目前以及将来生态环境损害鉴定工作的重点内容之一。

7.7 小结

通过对以上几个案例的分析,可以看出近年来我国关于大气污染纠纷的案例已经比较丰富了,不仅包括造成大气本身环境损害的案例,还包括大气环境污染行为导致人身损害、林地损害和农产品财产损失的相关案例。司法鉴定工作的开展在许多这类案件的审理过程中起到了至关重要的作用,尤其是对大气环境污染行为与损害事实(环境损害、人身损害、财产损失等)之间的因果关系是否存在的判定,对案件的最终判决具有十分重要的影响。

从大多数与大气污染相关的案例资料来看,针对没有特定受害人的公益诉讼类案件所做的大气环境损害鉴定评估工作一般会包含损害的价值量化过程,也就是说会采用虚拟成本法将污染方应赔偿的数额进行量化,并作为最终判决的依据之一;而针对有具体受害人(健康或财产受到损害)的案件,与环境损害相关的司法鉴定工作内容仅限定于因果关系的认定,而具体赔偿数额通常由其他相关鉴定机构根据相关条例或规定作出评估。究其原因,一定程度上是由于环境损害司法鉴定机构缺少人身损害或财产损失鉴定的资质,因此,将因果关系判定与损害数额评估(或损害价值评估)科学有效地结合起来将是未来环境损害司法鉴定工作努力的方向之一。

就目前看来,大气污染造成其他生态环境损害相关的案例仍然比较缺乏,这一类情况下的环境损害鉴定重点有两个:一是对因果关系的准确判定,难点在于如何证明大气污染行为与其他生态环境损害(土壤或水体遭受污染、生物多样性遭到破坏等)之间存在因果关系;二是生态环境损害的价值量化,难点在于受损生态系统服务功能价值的计算、生态环境恢复工程费用的计算等。

参考文献

［1］柴发合.我国大气污染治理历程回顾与展望［J］.环境与可持续发展，2020，3：5-15.

［2］陈秋兰，陈璋琪，董冬吟.浅谈大气污染环境损害鉴定评估因果关系的判定［J］.环境与可持续发展，2018，43（6）：104-107.

［3］陈亚楠.石化企业VOCs检测分析技术及信息平台建设研究［D］.青岛：中国石油大学（华东），2017.

［4］陈璋琪，陈秋兰，洪小琴，等.大气污染环境损害鉴定评估的基线确认方法探讨［J］.环境与可持续发展，2018，42（4）：136-140.

［5］福建省环境保护厅.大气环境损害鉴定评估技术方法：DB35/T 1727—2017［S］.2017.

［6］国家环境保护局科技标准司.大气污染物无组织排放监测技术导则：HJ/T 55—2000［S］.北京：中国环境科学出版社，2000.

［7］国家环境保护局科技标准司.大气污染物综合排放标准：GB 16297—1996［S］.北京：中国环境科学出版社，2010.

［8］国家环境保护局科技标准司.固定污染源排气中颗粒物测定与气态污染物采样方法：GB/T 16157—1996［S］.北京：中国环境科学出版社，1996.

［9］国家环境保护总局科技标准司.固定源废气监测技术规范：HJ/T 397—2007［S］.北京：中国环境科学出版社，2007.

[10] 韩璞.基于遥感技术和后向轨迹模式的霾原因分析:秸秆焚烧与雾霾污染联动机制研究[D].淮南:安徽理工大学,2018.

[11] 郝吉明,马广大,王书肖.大气污染控制工程[M].北京:高等教育出版社,2010.

[12] 郝正平,柴发合,陈运法,等.挥发性有机污染物排放控制过程、材料与技术[M].北京:科学出版社,2016.

[13] 环境保护部环境监测司和科技标准司.固定污染源烟气(SO_2、NO_x、颗粒物)排放连续监测技术规范:HJ 75—2017[S].北京:中国环境出版社,2017.

[14] 环境保护部环境监测司和科技标准司.固定污染源烟气(SO_2、NO_x、颗粒物)排放连续监测系统技术要求及检测方法:HJ 76—2017[S].北京:中国环境出版社,2017.

[15] 环境保护部环境监测司和科技标准司.环境空气质量手工监测技术规范:HJ 194—2017[S].北京:中国环境出版社,2017.

[16] 环境保护部科技标准司.环境颗粒物(PM_{10}和$PM_{2.5}$)采样器技术要求及检测方法:HJ 93—2013[S].北京:中国环境科学出版社,2013.

[17] 环境保护部科技标准司.环境空气臭氧的测定 靛蓝二磺酸钠分光光度法:HJ 504—2009[S].北京:中国环境科学出版社,2009.

[18] 环境保护部科技标准司.环境空气臭氧的测定 紫外光度法:HJ 590—2010[S].北京:中国环境科学出版社,2010.

[19] 环境保护部科技标准司.环境空气氮氧化物(一氧化氮和二氧化氮)的测定 盐酸萘乙二胺分光光度法:HJ 479—2009[S].北京:中国环境科学出版社,2009.

[20] 环境保护部科技标准司.环境空气二氧化硫的测定 甲醛吸收-副玫瑰苯胺分光光度法:HJ 482—2009[S].北京:中国环境科学出版社,2009.

[21] 环境保护部科技标准司.环境空气二氧化硫的测定 四氯汞盐吸收-

副玫瑰苯胺分光光度法：HJ 483—2009[S].北京：中国环境科学出版社,2009.

[22] 环境保护部科技标准司.环境空气 挥发性有机物测定 吸附管采样-热脱附/气相色谱-质谱法：HJ 644—2013[S].北京：中国环境科学出版社,2013.

[23] 环境保护部科技标准司.环境空气 PM$_{10}$ 和 PM$_{2.5}$ 的测定 重量法：HJ 618—2011[S].北京：中国环境科学出版社,2011.

[24] 环境保护部科技标准司.环境空气气态污染物（SO$_2$、NO$_2$、O$_3$、CO）连续自动监测系统技术要求及检测方法：HJ 654—2013[S].北京：中国环境科学出版社,2013.

[25] 环境保护部科技标准司.环境空气质量标准：GB 3095—2012[S].北京：中国环境科学出版社,2012.

[26] 环境保护部科技标准司.环境空气质量评价技术规范（试行）：HJ 663—2013[S].北京：中国环境科学出版社,2013.

[27] 孔珊珊,刘厚凤,陈义珍.基于后向轨迹模式的北京市 PM$_{2.5}$ 来源分布及传输特征探讨[J].中国环境管理,2017,1:86-90.

[28] 李东发.复杂地形地貌条件下生活垃圾填埋场恶臭气体扩散规律研究[D].广州:广东工业大学,2019.

[29] 李国刚,付强,吕怡兵,等.环境空气和废气污染物分析测试方法[M].北京:化学工业出版社,2012.

[30] 刘学军,沙志鹏,宋宇,等.我国大气氨的排放特征、减排技术与政策建议[J].环境科学研究,2021,34(1):149-157.

[31] 南少杰,梁美生,施建华.基于 Hysplit 后向轨迹模式分析太原市重污染天气影响[J].山西科技,2018,33(6):131-133.

[32] 农业农村部科技教育司.农业环境损害事件损失评估技术准则：NY/T 1263—2022[S].北京:中国农业出版社,2022.

[33] 农业生态环境及农产品质量安全司法鉴定中心,农业部环境保护科

研监测所.农业环境污染事故司法鉴定经济损失估算实施规范:SF/Z JD0601001—2014[S].2014.

[34] 全国危险化学品管理标准化技术委员会.化学品分类和标签规范:GB 30000.18—2013[S].北京:中国标准出版社,2013.

[35] 沈家智,龙红.湿地松材积出材率表的研究[J].江西林业科技,1997,4:1-6.

[36] 生态环境部.生态环境损害鉴定评估技术指南　基础方法　第 1 部分:大气污染虚拟治理成本法:GB/T 39793.1—2020[S].北京:中国环境出版社,2020.

[37] 生态环境部.生态环境损害鉴定评估技术指南　总纲和关键环节第 1 部分:总纲:GB/T 39791.1—2020[S].北京:中国环境出版社,2020.

[38] 生态环境部.生态环境损害鉴定评估技术指南　总纲和关键环节第 2 部分:损害调查:GB/T 39791.2—2020[S].北京:中国环境出版社,2020.

[39] 生态环境部生态环境监测司和法规与标准司.固定污染源废气(二氧化硫和氮氧化物)便携式紫外吸收法测量仪器技术要求及检测方法:HJ 1045—2019[S].北京:中国环境出版集团,2019.

[40] 生态环境部生态环境监测司和法规与标准司.环境空气　氮氧化物的自动测定　化学发光法:HJ 1043—2019[S].北京:中国环境出版集团,2019.

[41] 生态环境部生态环境监测司和法规与标准司.环境空气中颗粒物(PM_{10} 和 $PM_{2.5}$)β 射线法自动监测技术指南:HJ 1100—2020[S].北京:中国环境出版集团,2020.

[42] 生态环境部环境影响评价司和科技标准司.环境影响评价技术导则大气环境:HJ 2.2—2018[S].北京:中国环境出版社,2018.

[43] 生态环境部生态环境监测司和法规与标准司.突发环境事件应急监测技术规范:HJ 589—2021[S].北京:中国环境出版集团,2021.

[44] 苏鹏,陆达伟,杨学志,等.非传统稳定同位素在大气颗粒物溯源中的应用[J].中国科学:化学,2018,48(10):1163-1170.

[45] 孙业乐,庄国顺.正矩阵因子分解法解析北京 PM$_{10}$ 和 PM$_{2.5}$ 气溶胶的来源[C]// 第二届全国环境化学学术报告会论文集:45-47.

[46] 唐孝炎,张远航,邵敏.大气环境化学[M].北京:高等教育出版社,2006.

[47] 汪玉秀,常君成,王新爱,等.大气中化学污染物对植物危害作用机制的探究[J].陕西林业科技,2001(4):57-61.

[48] 奚旦立,王晓辉,康天放,等.环境监测[M].北京:高等教育出版社,2019.

[49] 杨玉珍.氟化物污染及其对植物的危害[J].生物学通报,1998,10:25-26.

[50] 叶代启.工业挥发性有机物的排放与控制[M].北京:科学出版社,2017.

[51] 余帆.苏玛罐-冷阱富集-GC-MS/FID 同时测定环境空气中 121 种挥发性有机物[J].中国资源综合利用,2022,40(08):23-31.

[52] 袁铁象,杨章旗,覃荣料,等.湿地松早期采脂的效益评价[J].林业经济问题,2011,31(4):334-336.

[53] 张小雪.从全国首例"雾霾案"分析大气环境污染民事公益诉讼的法律适用及赔偿标准的认定[J].适用法律(司法案例),2017,6:18-23.

[54] 赵晓妮,黄萌田,庞博.IPCC 最新发布《气候变化 2021:公众摘要》[N].中国气象报,2022-11-11(001).

[55] 周毕安,胡君,奇奕轩,等.北京怀柔夏季大气中的 VOCs 及其对 O$_3$ 和 SOA 的生成贡献[J].中国科学院大学学报,2023,40(01):39-49.

[56] 中华人民共和国农业农村部.渔业污染事故经济损失计算方法:GB/T 21678—2018[S].北京:中国标准出版社,2018.